高等院校艺术设计类系列教材

建筑速写

常雁来　陈向峰　编　著

清華大學出版社
北　京

内 容 简 介

本书遵循理论与实践相结合的原则进行编写，共分为9章，第1章是建筑速写概述，主要介绍建筑速写的目的与意义、特点以及工具；第2、3、4章分别讲述建筑速写的线面练习、透视规律及应用、选景与构图；第5、6章分别介绍建筑速写的作画步骤、建筑速写的风格形式；第7、8章详细介绍各种类型建筑物的速写表现以及建筑配景的速写表现；第9章展示建筑速写作品并加以评析，以供参考和临摹。本书编写中既注重理论引导，又突出对学生实践教学的训练与应用；本书图文并茂，内容丰富，能极大地提高学生建筑速写表现的技巧与能力。

本书既可作为高等院校建筑学、环境设计、园林景观等专业的教材，也可作为设计工作者和艺术爱好者的自学参考书。

图书在版编目（CIP）数据

建筑速写/常雁来，陈向峰编著. —北京：清华大学出版社，2023.1（2024. 8重印）
高等院校艺术设计类系列教材
ISBN 978-7-302-62491-2

Ⅰ. ①建… Ⅱ. ①常… ②陈… Ⅲ. ①建筑艺术—速写技法—高等学校—教材 Ⅳ. ①TU204

中国国家版本馆CIP数据核字(2023)第017732号

责任编辑：孟 攀
封面设计：杨玉兰
责任校对：吕丽娟
责任印制：刘 菲
出版发行：清华大学出版社
　　网　　址：https://www.tup.com.cn，https://www.wqxuetang.com
　　地　　址：北京清华大学学研大厦A座　　**邮　　编**：100084
　　社 总 机：010-83470000　　**邮　　购**：010-62786544
　　投稿与读者服务：010-62776969，c-service@tup.tsinghua.edu.cn
　　质量反馈：010-62772015，zhiliang@tup.tsinghua.edu.cn
　　课件下载：https://www.tup.com.cn，010-62791865
印 装 者：三河市铭诚印务有限公司
经　　销：全国新华书店
开　　本：190mm × 260mm　　**印　　张**：11.75　　**字　　数**：279千字
版　　次：2023年2月第1版　　**印　　次**：2024年8月第2次印刷
定　　价：49.80元

产品编号：094230-01

Preface 前言

建筑速写既是一项重要的专业手绘技能，也是高校建筑学、环境设计等专业的必修基础课程。它具有简单便捷、表现力强、视觉效果独特等特点，兼具实用性和艺术性特征，早已成为设计行业从业人员表现设计意图、收集素材、绘制作品草图最便捷的艺术表现形式。通过建筑速写训练，可以培养学生快速、直观地表达实际场景的能力，训练他们的设计思维和想象力，提高学生的设计修养以及审美素质。无论在教学上还是在实际的设计案例中，建筑速写的价值和意义都很重要。

建筑速写通常被认为是技术含量较高的一门技能，需要经过长时间的训练和实践锻炼才能掌握。在实际的训练中，既要有一定的素描、速写功底，熟练驾驭钢笔表现的工具与材料，也要有大量的室外写生练习和素材搜集，还要参考、分析优秀的速写作品，这样才能拓宽设计视野，提高艺术涵养。本书在编写中注重了实践性和实用性在学生学习中的重要价值，特别编排了大量的教师示范作品和部分学生实训的优秀作品，便于读者借鉴与参考。

本书是编者多年教学实践经验的总结，既注重建筑专题手绘的训练，也注重透视、构思、构图表现和整体造型能力的培养与提高。在编写中，按照先理论认知后实践练习，先透视、步骤练习后整体空间实训的原则，图示与分析紧密结合，让学生由浅入深、循序渐进地学习与训练。教学中大量直观性的范图及解析往往会起到事半功倍的作用，学生可以借鉴和临摹，以较快掌握建筑速写的基本作画步骤、各类建筑物的表现方法以及建筑配景的画法。

本书是工作在教学一线的几位教师通力合作的结晶。陈向峰编写第1～3章，常雁来编写第4～9章，并负责全书的统稿、整理工作，朱耀璞、汪顺锋、党亮元、张强基、谭宇等老师积极提供教学作品。编写中选用了10多名学生的优秀速写作业，主要有张鑫、卢诗娅、张艾暄、张月、许汝玉、陈雨鑫、杨紫霜、程湘姮、罗嘉乐、申丹丹、吴玟璇、刘芷含等。

由于编写水平有限，加上时间紧迫，书中难免存在疏漏和不足之处，敬请广大读者批评斧正，以便在今后的重印或再版中改进和完善。

编　者

Contents 目录

建筑速写概述

建筑速写是以各类型建筑以及周围环境为表现对象，以硬笔为主要工具，在较短时间内，运用简单、概括的线条，或稍许增加一些色彩，迅速、概括地完成物象造型的一种绘画方式。它具有一定的艺术价值，同时在建筑以及设计相关领域中具有很强的实用价值。建筑速写是建筑以及设计相关行业的从业人员和相关专业的学生锻炼绘画表现能力，提高设计综合素养，收集、积累设计素材，研究设计相关专业知识，快速表现设计意图的重要途径。

1.1 建筑速写的目的与意义

速写是在较短时间内迅速将对象描绘下来的一种绘画形式，它具有收集绘画素材、训练造型能力两个功能。它能表现出作画者敏锐的观察能力和对物质世界的新鲜感受，可随时描绘生活中的任何物象，描绘的题材远远超出课堂上素描练习内容的范围。建筑速写的训练可以在室内也可以在室外，笔者提倡初学者到室外去写生，到生活中去速写，因为可以得到更鲜活、更生动的第一手素材（见图 1-1 至图 1-3）。

图1-1　农村新貌速写　常雁来

图1-2　古镇全景速写　常雁来

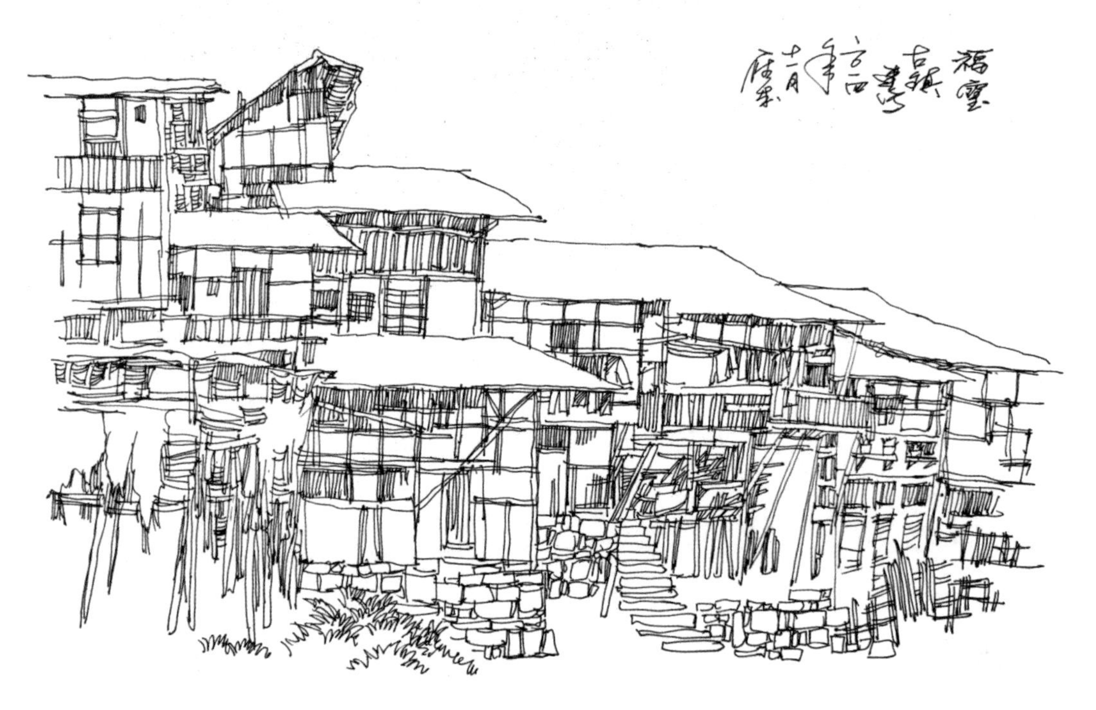

图1-3　古镇民居速写　常雁来

建筑速写教学的重点是训练学生的表现技能和感受能力，这些技能包括比例、构图、透视、轮廓、结构、质感、光影、空间等。具体到速写教学的实质，并不单纯是速写知识、技能方法、速写风格和表现能力的传授，更重要的是培养学生学会如何观察生活、体验生活、体验设计，培养他们的感受能力和吃苦精神，进而提高他们的审美能力和激发他们的创造能力。建筑速写教学从综合的角度入手，把审美、造型、体验与表现融为一体，让学生在速写训练时对自然环境与人文空间、生物与地域、建筑与文化特征、形态与视觉都有真实的感受与体验，使学生在创造能力、审美能力和表现能力上得到综合提高，这是建筑速写教学的目的。

学习建筑速写，可以让学生学会运用感性和理性相结合的思维方式来思考问题。这种思维方式能为学生以后的美术创作和设计实践打下良好的基础。在速写教学中布置带有明确的发现、思考、表达的任务，使其成为学生造型训练和造型体验的一种方法和手段。通过大量的速写积累（见图 1-4 至图 1-6），可为日后从事美术创作和艺术设计积累丰富的艺术素材，并在速写实践中不断提高艺术修养，培养高尚的艺术情操。

图1-4　古镇民居速写（1）　汪顺锋

图1-5　古镇民居速写（2）　汪顺锋

图1-6　古镇民居速写（3）　汪顺锋

建筑速写是一种非常重要的手绘技能。对于设计师来说，这种技能显得尤为重要，它是设计师记录创作灵感最好的方式。在计算机辅助设计大行其道的今天，手绘能力对于设计师来说弥足珍贵，设计师的创造力、随时随地收集创作素材的能力以及推动设计思路不断深入的设计能力，都可以在培养设计人员综合绘画能力的基础上进行锻炼，其中快速表现能力尤为可贵，建筑速写练习就是非常好的表现方法。建筑速写可以培养设计者的修养以及审美取向，培养设计从业人员快速、直观地表达实际场景的能力，训练设计从业人员的设计思维以及想象力。长期的练习，可以使设计从业人员具备随时勾勒设计方案的能力，从而使设计作品在呈现出巨大的艺术感染力的同时增强设计人员创意思维的能力（见图 1-7）。

图1-7　学校图书馆速写　张鑫

1.2 建筑速写的特点

建筑速写是以钢笔、针管笔、美工笔、各种自来水笔等工具结合墨水所作的单色画，它以简单、便捷、表现力强、视觉效果独特为特点，兼具实用性和艺术性特征，成为设计行业从业人员表达设计思路的最便捷的艺术表现形式。对于建筑学、环艺设计等专业的学生来说，建筑速写是一门非常重要的专业基础课，有利于培养和提高设计综合素质，同时也是收集素材、研究建筑知识以及快速表现设计意图的重要手段。

建筑速写是简单、便捷地提炼、概括、表现客观世界的方式。它由单色线条以及轻重疏密得当的黑白色调来表现物象，由点、垂直水平的线条、交叉线条及墨线勾勒表达概括的物化形态。它通过绘画者对现实世界的概括、提炼，最大化地表达绘画者对客观世界的观察，捕捉客观世界最本质、最具艺术感染力的画面，因而它是所有从事与艺术设计相关行业人员提高审美修养、提高专业手绘技能的重要途径。通过培养绘画者的观察力，丰富自己的创作素材，最终激发创作的“灵感”。同时它是简单而实用的表现手段，有助于绘画者以及设计从业人员提高自己的专业素养（见图 1-8）。

图1-8　古镇民居速写　卢诗娅

建筑速写的另一个显著特点是使用工具简单、利于保存，但不适宜反复修改，所以对绘画者手绘能力的要求很高，设计从业人员通过长期练习可以有效地培养自己手绘表达现实形态的能力，以及表达设计思路的能力。对于初学者来说，最好先用铅笔辅助做基本练习，在掌握一定基础后再进行钢笔的练习、创作。在对基本技法熟练的基础上，可以运用钢笔与毛笔、钢笔与彩色粉笔、钢笔与铅笔相结合的手法进行绘画表达，也可以用钢笔加淡彩的技法来表现对象。

1.3 建筑速写的工具

1. 笔

建筑速写具有简洁、直观、快捷的特点，在工具的使用上具有这个特点，因此速写的工具相对其他绘画方式要简单得多。便捷的工具材料有助于绘画者捕捉创作素材、记录设计灵感、表达设计思路，以便快速绘制。

建筑速写的工具轻便，但不同工具的性能、效果不同，主要包括钢笔、美工钢笔、针管笔、中性笔、尼龙笔、毛毡笔、铅笔、炭笔、毛笔等，常用的工具以硬笔为主（见图 1-9）。铅笔有软硬之分，既能画线条又能适当地处理明暗关系，易于表现不同的深浅层次，便于修改，很适合初学者，建议首选铅笔画速写；木炭条和炭精条适合明暗层次的处理，表现力很强，具有大刀阔斧的粗犷感，也能修改，但不易保存，和铅笔画一样，要在作画结束后喷定画液；钢笔、签字笔、美工笔、针管笔、水笔等工具，其作画线条流畅，行笔自如，线条可粗可细，黑白分明，适合以线为主和线面结合的速写，非常适合建筑以及景观设计、室内设计图稿的绘制，不过不易修改，需要具备一定的基本功和经过相当长的时间训练才能驾驭，所以一定要培养下笔果断、意在笔先的习惯。毛笔速写是古人常用的方式，其作画笔墨自由，趣味隽永，建议在宣纸上练习，要求对笔墨性能熟悉，有一定的书法功底最好。

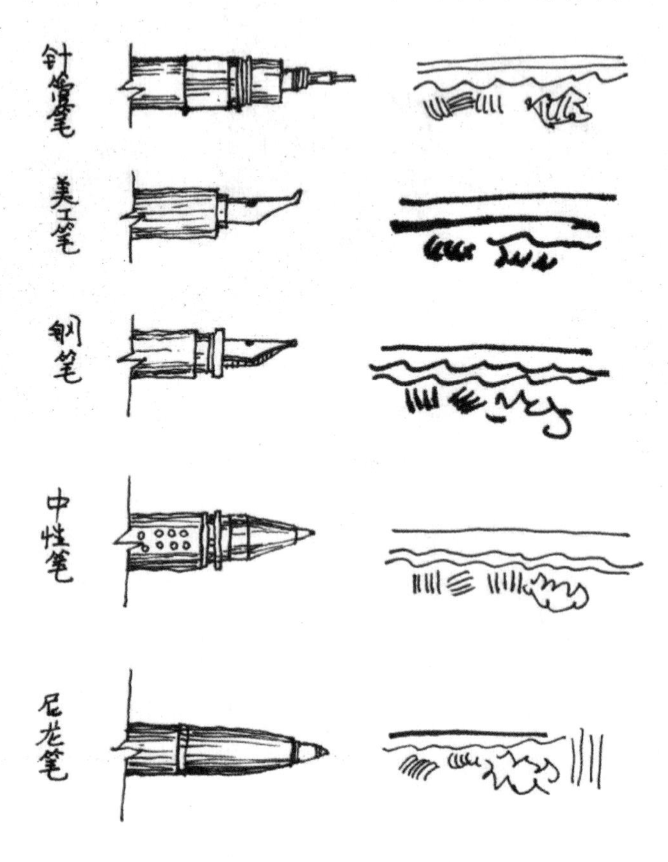

图1-9 不同类型工具及绘制线条特点

2.纸张

速写的纸张要根据不同的笔类去选择，每种纸张都有自己的特性，找到适合的纸张，对速写是非常有利的。建筑速写的纸张包括素描纸、图画纸、制图纸、复印纸、卡纸、宣纸等，外出写生准备一两个速写本也是不错的选择，携带方便，易于整理。

总之，不同的工具能产生不同的笔迹效果，初学者要根据自己的基础选择合适的速写工具，训练一段时间后再尝试用各种不同工具进行练习，以提高自己的速写兴趣。

第2章 建筑速写的线面练习

线条是速写最基本的语言方式。线的变化是十分丰富的，具有很高的审美价值。“以线造型”也是中国画区别于其他画种最明显的特征，中国传统绘画中的“白描”，就是利用毛笔画出变化万千的线条，并总结出了“十八描”之说，把线的变化运用到了极致。安格尔说：“线条就是一切。”这说明线条的表现力极强，线条表现的范围极广，加上用线表现物象极其方便、简洁，自然成为设计师、建筑师最常用的语言表现形式。

线描画法技巧相对简单，既能概括、直观地表达物象整体的空间关系，又能细致地表达物象的形体特征，是许多教师向学生推荐的入门画法。一旦掌握了此画法，以此为基础来学习其他画法，会获得事半功倍的效果。学习建筑速写技能应由易到难、循序渐进、分阶段进行。单个物体以石膏几何模型、方凳、家用器皿、花草、衣物等物体为训练对象，可以在室内进行。但初学者往往比较浮躁，不愿意在这个阶段多花时间，反而影响到后面的训练。

线条描绘手法很丰富，最基本的有以下几种。

（1）用线条描绘物体的转折边缘（也称内形和外形）。

（2）用线条的相互穿插、遮挡表现物体之间的前后位置和空间关系。

（3）用线条的疏密对比表现物体之间的层次感（在画面中形成黑、白、灰等许多不同的层次对比关系）。

掌握了这三种基本手段以后，就可学习更多的表现技巧，如虚、实线的运用，粗、细线条的运用，线条的松紧处理，运笔速度快和慢的变化，等等（见图 2-1 至图 2-4）。

图2-1　块面（线条专题练习）　常雁来

图2-2　古镇速写（线条专题练习）　常雁来

图2-3　古树速写（线条专题练习）　常雁来

图2-4　客店牌楼（线条专题练习）　常雁来

2.1 单纯的线条表现练习

单纯的线条表现是以单线的形式表现物象，主要依靠线条自身的特点表现物象。一般认为，线条只有长短、曲直、粗细的变化，其实线条还有质感、体积、方向乃至情感特征。质感表现在线条的圆润与生涩、细致与粗糙、浓重与虚淡等。粗线条相对于细线条而言，体积感就比较强烈，线与线的转折、穿插、遮挡往往给人很强的体面转换意识，线条由粗变细、由实变虚等能代表一种方向感或纵深感。不同的线条能表达不同的情感体验，直线象征刚毅、坚定、冷静等，曲线给人以优美、富有节奏的美感，斜线给人以不稳定之感，波折线会引起人紧张不安的情绪，但比较富有韵律的美感，等等。

从理论上讲，线代表了物体由一个面向另一个面转折的交界。线条作为造型手段，从表面上看不如阴影的明暗效果强烈、逼真，其实线的表现是明暗关系的高度概括和提炼，它抛弃了一切不必要的表面现象，着重表现和刻画物体的结构和形体特征，使其表现形式更加概括、简洁，特别适合建筑师对建筑的理解和表现（见图 2-5 至图 2-7）。

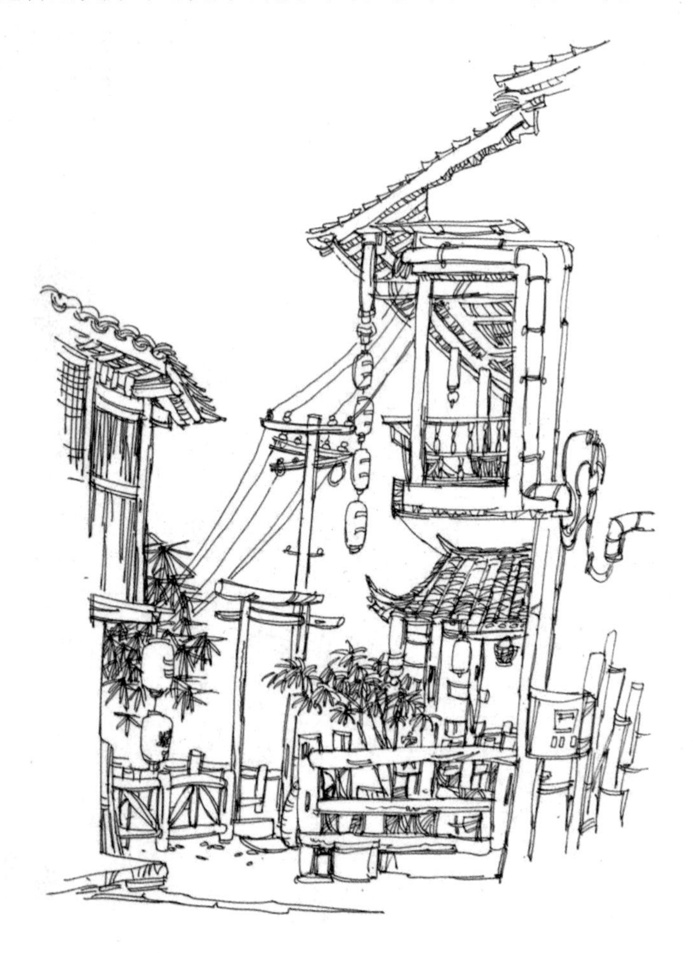

图2-5　古镇民居（单纯以线造型）　常雁来

图2-6 古镇戏台（单纯以线造型） 常雁来

图2-7 古镇民居（单纯以线造型） 汪顺锋

线描表现是初学者比较容易掌握的形式，但也要掌握以下要领。

（1）线条方圆结合，宜先方后圆、先直后曲，宁方勿圆。

（2）线条长短搭配，长线概括、肯定，支撑画面，短线杂而有序，弥补长线之不足。画面主线和辅线相辅相成，层次分明。

（3）线条疏密有致，松紧自如，“疏可走马，密不透风”，具有层次感。

（4）线条要保持流畅、轻松、自然，掌握线条的节奏感和韵味。

（5）线条粗细相间、浓淡相宜，体现出一定的趣味性。

2.2 用线表现体面的练习

用线表现体面即在线的基础上结合简单的明暗块面，使形体表现得更为充分。简单地说，用线表现体面就是线条和明暗结合的表现形式。线面结合表现手法，可以轻松地达到黑白强烈对比的效果。这种手法是钢笔画中常用的技法之一，利用这种技法往往可以达到事半功倍的效果，暗面处不用考虑过多的细节，可以利用美工钢笔的侧锋大面积涂黑即可，或者用密集的线条铺成灰度不同的暗块。从理论上讲，单纯用线或单纯用面去表现对象都具有一定的局限性，单纯的线条表现，不易表现对象的空间感和体积感，而单纯用面表现，就无法表现对象的细节，无法抓住对象生动简洁的特征。采用线面结合可以使画面生动活泼、变化丰富。

例如，遇到物象有大块明暗色调时，用明暗法处理成块面状，其结构、形体转折明显的地方则用线条强调刻画，这样有线、有面对画人、画景都很适宜。线面结合的表现手法可以用几种粗细不同的钢笔同时来画，这样就大大丰富了画面的形式语言，表现力更强（见图 2-8、图 2-9）。

图2-8　古镇民居（线面结合）　常雁来

图2-9 柴屋（线面结合） 常雁来

线面结合的表现形式要注意以下几点。

（1）用线面结合的方法，线条和块面要相得益彰，防止线面分家，如先画轮廓，最后不加分析地硬加些明暗，这样显得生硬。

（2）可适当减弱物体因光而引起的明暗变化，适当强调物体本身的组织结构关系，有重点地进行表现。

（3）用线条画轮廓，用块面表现结构，注意概括块面明暗，抓住要点施加明暗，忌不加分析、不加选择地照抄明暗。

（4）明暗块面和线条的分布，既变化又统一，具有装饰、审美的趣味。

2.3 用线表现明暗调子的练习

写生中的“面”是指界面，即围合和空间，通过它来表现物象在空间中的各种形态，例如物体的光影块面、建筑的体面结构、道路的空间透视等界面状态。明暗关系是素描中经常要表现的内容，一般要表现高光、灰层次、明暗交界线、暗部、反光、投影等多个层次，强调物象的体积感、空间感。钢笔画中的体面关系主要也是靠黑、白、灰的层次来体现的。黑、白、灰层次的对比能给人留下深刻的印象，运用大块的明暗调子形成强烈的体面对比，以此来烘托主体，渲染画面气氛（见图 2-10 至图 2-12）。

图2-10　古镇石桥（用铅笔表现明暗）　汪顺锋

图2-11　古镇民居（用铅笔表现明暗）　汪顺锋

图2-12　古镇民居（用排线表现明暗）　汪顺锋

这种表现形式要靠线条的有序排列来表现体和面，用线条的疏密浓淡来表现黑、白、灰关系。线条排列的方式很多，可以是规矩的线条表现明暗效果，也可以是自由的线条刻画光影关系。单纯用线表现明暗，可以用平行排线、垂直排线或交叉排线组织深浅层次，交叉排线一般有斜交叉线、十字交叉线、曲线交叉等形式，排线要有一定的秩序性和规律性，否则容易杂乱、潦草。这种表现手法在有些局部的表现上很有效果，特别适合写实的表现风格，细致地刻画对象，一般作为长期作业的表现手法，花费的时间也很长。

当然，用弯头的美工笔直接铺出大块的黑白关系也是一种不错的方法，这种画法来源于中国水墨画和黑白版画，依靠黑白块面的大小、疏密对比来增强画面效果，给人耳目一新的感觉。其弱点是只能作为速写画法，不适宜细节的深入刻画和长期作业（见图 2-13 至图 2-16）。

图2-13　古镇民居（1）（用线块表现明暗）　常雁来

图2-14　古镇民居（2）（用线块表现明暗）　常雁来

图2-15　古镇民居（用排线表现明暗）　常雁来

图2-16　校园一角（用排线表现明暗）　张鑫

透视规律及应用

透视对于建筑钢笔画来说是非常重要的，它将决定建筑形体和空间的准确性。一幅建筑画无论线条和细节如何精彩，透视若出现了问题，整幅作品的评价将大打折扣，因此透视是绘制建筑画最重要的基础。在进行钢笔画写生或创作时，必须对透视规律有充分的了解和掌握。

透视规律，即透视作图时将三维景物的立体空间、形状落实到二维平面上的基本规律，包括直线透视规律和曲线透视规律。由于人眼特殊的生理结构和视觉功能，任何一个客观事物在人的视野中都具有近大远小、近长远短、近清晰远模糊的变化规律。写生透视分为两类：形体透视和空间透视。形体透视也称几何透视，如一点透视、两点透视、三点透视、圆形透视等；空间透视也称空气透视，是指形体近实远虚的变化规律，如近处物象明暗对比强烈，而远处物象明暗对比减弱。

透视图的基本原则有两点：一是近大远小，离视点越近的物体越大，离视点越远的物体越小；二是不平行于画面的斜线其透视交于一点，透视学上称为消失点。在绘制建筑画时，首先就是要勾画建筑物的轮廓以及整体的透视关系，只有透视关系画正确了，才能进行局部的细节刻画。当然，不是要求我们所画的物象轮廓线都符合几何投影规律，也不可能每一根线都符合透视规律。对于建筑速写来说，只要保证建筑物在大的轮廓和比例关系上基本符合透视作图的原理就够了。对于细节的透视，只要符合大的整体透视关系，凭经验判断画出来就可以了。不过，长期作业的透视就需要严格按照几何投影规律去画。

3.1 一点透视（平行透视）

一点透视也称为平行透视，即物体的一个主要面平行于画面，而其他面垂直于画面，并且斜线消失在一个点上（一般是心点）所形成的透视。

一点透视的规律（见图 3-1）有以下两点。

（1）有且只有一个消失点即灭点，灭点一定在视平线上。

（2）与画面平行的面不会变形，垂直的面会压缩变短。

以一点透视画建筑，首先要在画面适当的位置画出视平线。视平线的确定很重要，因为灭点就在视平线上。在视平线上定出灭点的位置，就可以从灭点画出多条放射线，这些线就是建筑物的透视关系线，然后依据透视关系线画出建筑物。建筑物上的所有与画面垂直的水平线的透视，都是按照从灭点放射的透视线来确定的。

视平线的高低决定所画的建筑空间的变化，视平线较低建筑物显得高大挺拔，反之建筑物显得低矮，但空间较为深远，适宜表现延伸的街道和宽阔的广场。一点透视消失点位置的选择极为重要，消失点决定了画面所有透视线的方向，同时也决定了两组主要立面（如街道）的比例关系。消失点过于居中，画面比较呆板，因此可以把消失点的位置在视平线上定得稍偏一些，这也叫一点斜透视。

一点透视的纵深感强，具有庄重、平静、完整的特点，比较适合表现庄重、稳定、开阔的建筑空间，一般用于绘制街道、巷子、建筑和广场等（见图 3-2 至图 3-5）。室外写生中的视平线一般和地平线、海平线重合。

一点透视比较简单易学，但表现的画面比较呆板，没有两点透视生动、灵活。

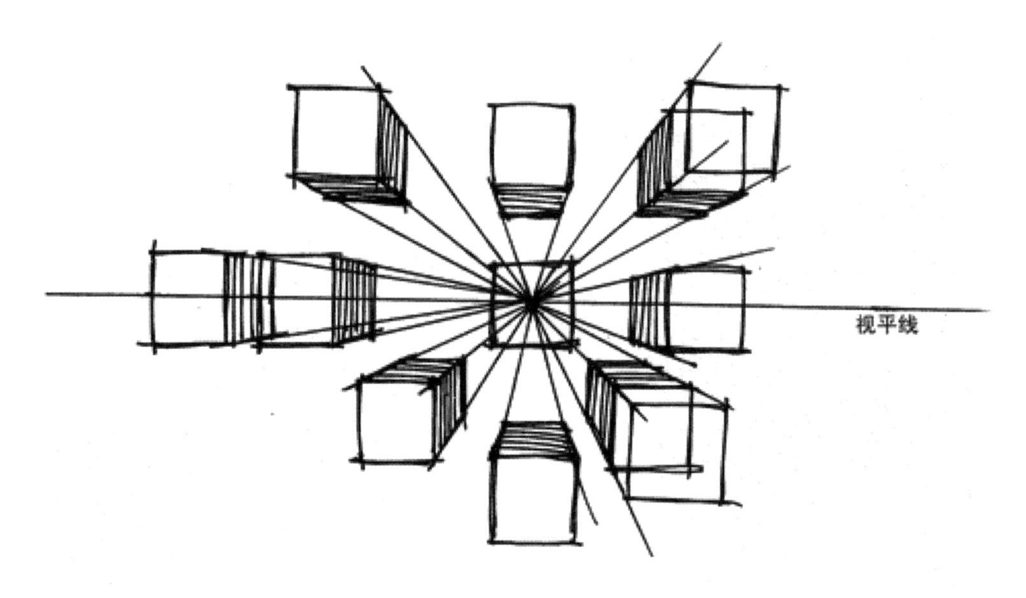

图3-1　一点透视的规律

图3-2　民居胡同（一点透视的应用）　常雁来

图3-3　廊道（一点透视的应用）　常雁来

图3-4　街道（一点透视的应用）　常雁来

图3-5　公共建筑（一点透视的应用）　张鑫

3.2 两点透视（成角透视）

两点透视也称为成角透视，即物体的各个面都不与画面平行，而是成一定角度，每个面的平行线向两个方向消失在视平线上，出现两个灭点所形成的透视。

两点透视的规律（见图 3-6）有以下几点。

（1）物体只有垂直线平行于画面，其他线与画面成一定角度，延长线消失于视平线左右的两个灭点。

（2）有两个灭点，灭点一定在视平线上。

（3）在绘制两点透视的建筑物时，视平线一般确定在建筑物的中下部，建筑物两个侧面的宽度尽量避免均等，否则较为呆板。大的透视线确定后，在刻画局部的窗户、门、栏杆等细节透视时，要符合整体的透视规律，视平线以下的透视线向上消失，视平线以上的透视线向下消失。

（4）消失点的位置大多不在画面内，特别是建筑物距离较近或者建筑物较为高大时，两个消失点往往在画面之外，这需要在绘制前对建筑物的透视做小图分析，对两点透视有深入理解后再绘制大图。熟练的绘图者，一般凭经验在画面之外假设两个灭点，作画中透视线都按照透视规律组织。当然，不是所有的透视线都完全符合几何透视法则，建筑速写时只要整体上透视线是准确的即可。

（5）两点透视较自由、灵活，反映的空间接近人的真实感受，具有较强的视觉张力，表现的体积感、空间感和明暗对比效果很强烈，比较适合建筑、场面效果等的表现。缺点是如果角度选择不好，容易产生变形效果，不易控制。

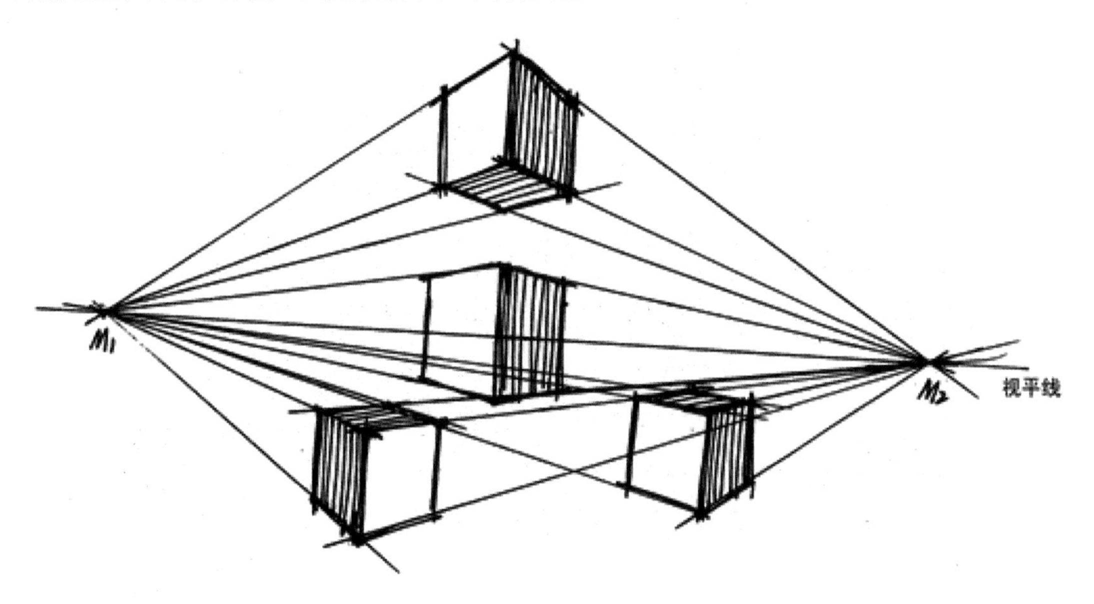

图3-6 两点透视的规律

两点透视的应用如图 3-7 至图 3-10 所示。

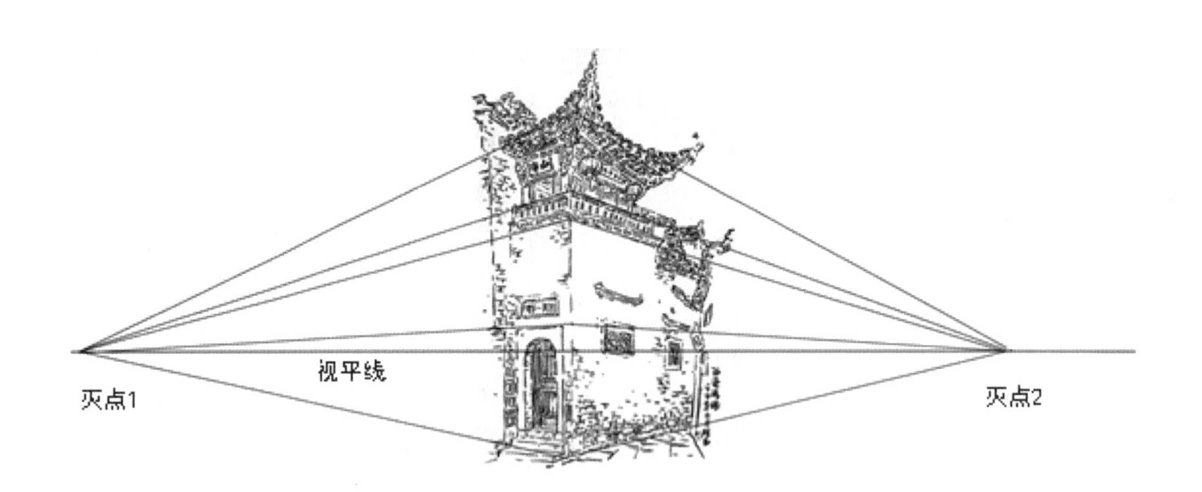

图3-7　古绣楼速写（两点透视的应用）　常雁来

图3-8　双子大厦（两点透视的应用）　张鑫

图3-9　古镇民居（两点透视的应用）　常雁来

图3-10　古镇街道（两点透视的应用）　吴玟璇

3.3 三点透视（倾斜透视）

三点透视也称为倾斜透视，即物体倾斜于画面，任何一条边都不平行于画面，其延长线分别消失于三个不同的灭点，一般有两个灭点在视平线上。

三点透视有仰视和俯视两种。仰视的时候有一个灭点消失在空中，叫天点；俯视的时候有一个灭点消失在地下，叫地点。

三点透视一般适用于高空俯视图（鸟瞰图）或表现近距离高大建筑物雄伟壮观的效果（见图 3-11 至图 3-13）。

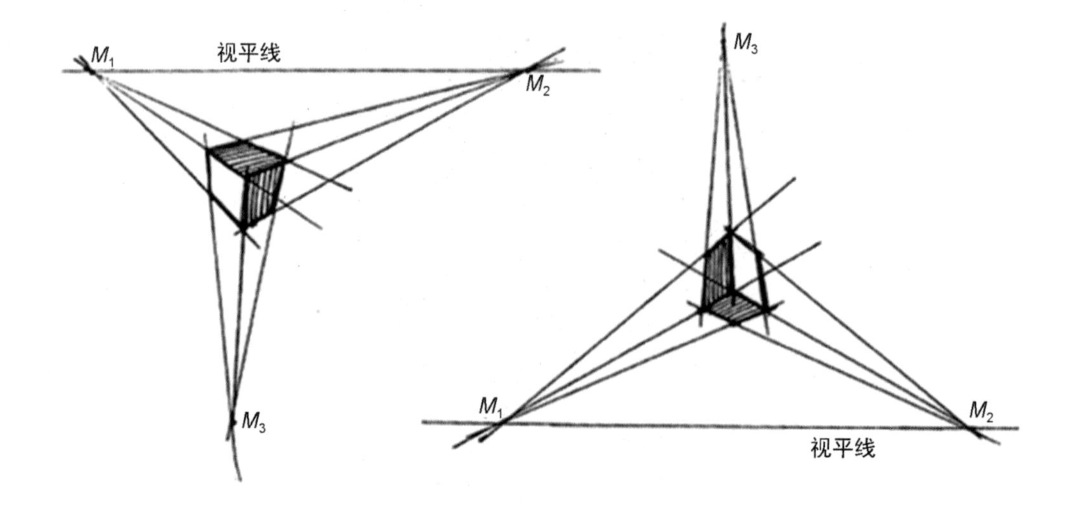

图3-11 三点透视的规律

图3-12 吊脚楼（三点透视中仰视的应用） 汪顺锋

图3-13 古镇街道（三点透视中俯视的应用） 常雁来

3.4 散点透视（多视点组合）

散点透视相对于焦点透视而言，是打破一个视域的界限，移动视点，采用漫视的方法和多视点的组合，将景物自然地、有机地组织在一个画面上。

这是一种复合式的透视方法，可使构图极为自由，表现幅度具有极强的延伸性和可塑性。中国传统绘画多采用散点透视法，达到了广视博取、随心经营的目的。在建筑画中，运用散点透视可以表现数量众多、结构各异的建筑物，大大拓宽了表现的范围，具有较强的装饰趣味。不过，由于多透视的组合运用，有时会出现变形、混乱的现象，要注意对整体关系的把握（见

图 3-14、图 3-15)。

图3-14　散点透视的应用（1）　常雁来

图3-15　散点透视的应用（2）　常雁来

3.5 曲线透视（以圆形为例）

圆形的透视表现应依据正方形的透视方法来进行，不管在哪一种透视中，正方形中表现圆形都应依据平面上的正方形与圆形之间的位置关系来决定；不管是怎样的透视圆形，都应该在相应的透视正方形中的“米”字线的相关点上通过才是合理的透视圆形。

曲线形体透视的规律（见图 3-16）有以下几点。

（1）正圆透视形呈椭圆形，在视平线以下时，上半圆小、下半圆大，不能将上、下圆画得一样大。

（2）用弧线画透视圆时要均匀自然，两端不能画得太尖或过方。

（3）平面圆在正方形内且与正方形相切，透视中的圆形不是这样，它的最宽点根据视点的位置而定。

（4）距视平线越近，圆形透视弧度越小，反之越大。

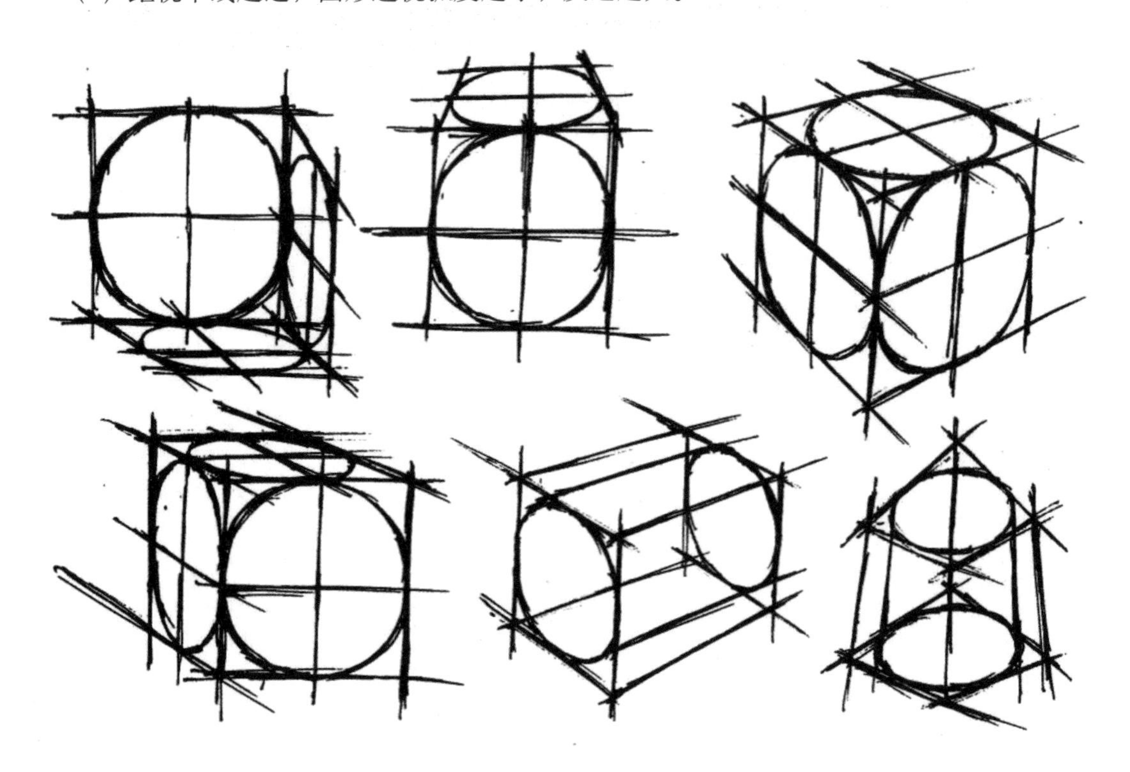

图3-16　曲线透视的规律

任何曲线形体需画透视图时，都应纳入透视方形或透视立方体中完成。

在实际的建筑速写中，也有不规则的曲线或曲形体，例如拱形的桥体、弧形道路、螺形花坛等，这就要根据圆形透视规律做推理分析（见图 3-17）。

图3-17　曲线透视的应用　常雁来

选景与构图

4.1 观察与选景

4.1.1 整体观察

观察与选景是建筑速写的第一步。在外出写生时，首先要有一个正确、科学的观察方法，这是画好建筑速写的先决条件。艺术不是生活的摹写，而是艺术再现，面对纷繁芜杂的场景，只有认真观察，才能画得得心应手；只有培养整体观察的方法和习惯，才能具备分析和表现一切对象的能力。

所谓整体观察，首先要确定画什么，哪些景物是主要的，应重点表现；哪些景物是次要的，做辅助效果（见图 4-1）。也就是说，要分清主次，从重点部位入手，避免出现面对复杂的景物无所适从、盲目被动地选择对象的情况。建筑速写要全面观察建筑物，但不是面面俱到。另外，还要学会运用比较观察、联系观察、空间观察的方法。

(a) 原始建筑照片

图4-1　俯视下的韩家大院　常雁来

(b) 写生效果

图4-1 俯视下的韩家大院 常雁来（续）

4.1.2 理想选景

所谓选景就是确定要画什么，并选取什么样的角度去画。取景角度的优劣关系到画面效果的成败。对于初学者来说，不适于选择内容过于复杂、场面过于宏大的景物作为描绘对象，而应选取较为熟悉、易于表现的少数几个主体物进行写生。可以动手制作一个取景框，或用两手手指围成一个框，用来帮助观察和选景，这都是很有效的方法。

所谓理想的（或最佳）角度：一是有利于确定所画对象；二是有利于确定画面透视。视点的高低、观察角度的选择对于构图非常重要。取景一般应有前景、中景和远景三个层次，景物要有高低错落的变化，主要的描绘重点（如建筑物）应放在中景位置。确定角度和透视形式，是落笔作画前的构思阶段，构思充分是绘制建筑画的根本保证。

确定所画对象（即确定画面内容和主体）要根据自己的爱好、兴趣和感受，选择自己最想画的那部分物象作为画面重点。要克服不注重观察、缺乏感受、坐下就画、见什么画什么的盲目性，作画有主体、有重点才会“水到渠成”。我们应该通过对建筑速写的观察与练习，达到既学习表现技法又提高审美能力的目的。

图 4-2（a）所示的照片场景较大，建筑较多，作者从不同的角度观察取景，一个地方画了两幅不同的速写 [见图 4-2（b）和图 4-2（c）]，显然观察取景决定画面的构成形式。

(a) 原始建筑照片

(b) 写生效果（1） 常雁来

图4-2 从不同角度观察取景

（c）写生效果（2） 常雁来

图4-2 从不同角度观察取景（续）

4.2 视点、视平线的选择

观察角度的选择是为了确定画面的透视关系，视点与建筑物象的高低决定了视平线、消失点在画面中的高低。角度确定后，就要确定视平线在画面中的位置。在透视规律中，视平线的选择显得非常重要，视平线的高低决定建筑物的形态关系和整个画面的透视变化。视平线在画面的中间是平视构图，在画面的上方是俯视构图，在画面的下方是仰视构图。古人画景有“三远”之说，即平远、高远、深远。“三远”法是中国山水画中自觉运用透视规律的方法，与我们现在所说的“平视、仰视、俯视”有异曲同工之妙，这对于建筑速写同样适用。

4.2.1 平视

平视指的是观察建筑物时，眼睛的位置和建筑物基本在同一高度，视平线一般在建筑物的中部上下（见图 4-3）。平视观察所运用的透视一般是一点透视和两点透视，这也是建筑画中常用的观察方法。

图4-3 古镇村口速写（平视构图） 常雁来

4.2.2 仰视

仰视指的是建筑物比较高大、雄伟，观察者的位置远远低于建筑物或视线在建筑物之下，建筑物的高度远离视平线（见图 4-4）。仰视一般表现高层建筑的雄伟、壮观，或者体积庞大。仰视观察所运用的透视是三点透视，有一个灭点消失在天空中。

4.2.3 俯视

俯视指的是观察者的位置在建筑物之上，视平线高于建筑物（见图 4-5）。鸟瞰图运用的就是俯视观察法，一般表现宽阔、宏大、广袤的建筑场景，整体感很强，给人以居高临下的感觉。“一览众山小”就是俯视所造成的效果。俯视所运用的也是三点透视，有一个灭点消失在地下。

图4-4　古镇民居速写（仰视构图）　常雁来

图4-5　古镇街景速写（俯视构图）　常雁来

4.3 构图的要点与形式

4.3.1 构图要点

构图就是安排画面，即把要表现的建筑、风景恰当地组织、布局在画面上。构图也称为经营，其含义就是如何经营、打点画面，如何安排每个物体的位置和处理各部分的关系。另外，还可以把构图理解为对画面的结构处理，也就是把杂乱的物象在画面上进行合理的布置。建筑速写比其他素描形式更能培养和体现人们的构图能力。多画建筑速写，可以对不同的构图形式所体现的不同对比因素和形式美感有更深刻的认识与理解。想画好建筑速写，除了要多画，还应多研究构图的规律，训练自己的构图感觉，积累构图技巧。构图的规律就是形式美的规律，如对称、均衡、节奏、韵律、变化、统一等形式美的法则都会体现在构图中，所以对构图的学习不但能训练我们的绘图技巧，还能提高我们的艺术修养。

我们可以将构图的形式概括地分成简单的几何形态，如方形、圆形、三角形、菱形、弧形、S 形、梯形、对角形、V 形构图等，以及水平式构图、垂直式构图、倾斜式构图等。所有这些几何形，都是我们用最简单的形式归纳构图的一般形态，以便于我们把握构图的对称、均衡、统一、对比等关系，这是构图的基本原则。整合、归纳、提炼、强调是构图表现的必然，因为我们不可能面面俱到地在画面上表现出景物的所有细节。

4.3.2 常见的构图形式

这里简要地介绍常见的几种构图形式。

（1）水平式构图。水平横线象征宁静、宽广与博大，水平线在画面中，可以对画面情绪产生抑制作用，这是由水平线平静、稳定的特性决定的。当水平线成为画面形式的基本格式时，体现了安宁、平静的意境。在进行水平线构图时，不到万不得已，最好不要让水平线从画面正中间穿过，即不要上下各占二分之一，最好将水平线放在画面的上三分之一处或下三分之一处。另外，也可以尝试着在水平线的某一点上安排一个物体，使其断开，打破贯通画面的水平构图（见图 4-6、图 4-7）。

（2）垂直式构图。垂直线能产生高耸、庄严、秩序、挺拔、刚直、明确、向上或下落等心理感受。因此，垂直线在画面中能充分显示建筑物的高大和纵深，常用于表现摩天大楼、高大的建筑物等（见图 4-8、图 4-9）。

（3）“之”字形构图或者 S 形构图。这可以从两方面来理解：一是将需要画的内容分布在画面上，形成似 S 形的弯曲变化；二是指描绘空间中有曲折变化的景象，如山川之迂回。这样的布局，具有音乐的节奏美感，回味悠长，是传统山水画经常采用的构图形式（见图 4-10、图 4-11）。

图4-6　乡镇新貌（水平式构图）　常雁来

图4-7　城市建筑（水平式构图）　张鑫

图4-8　垂直式构图（1）　张鑫

图4-9　垂直式构图（2）　张鑫

图4-10　“之”字形构图　朱耀璞

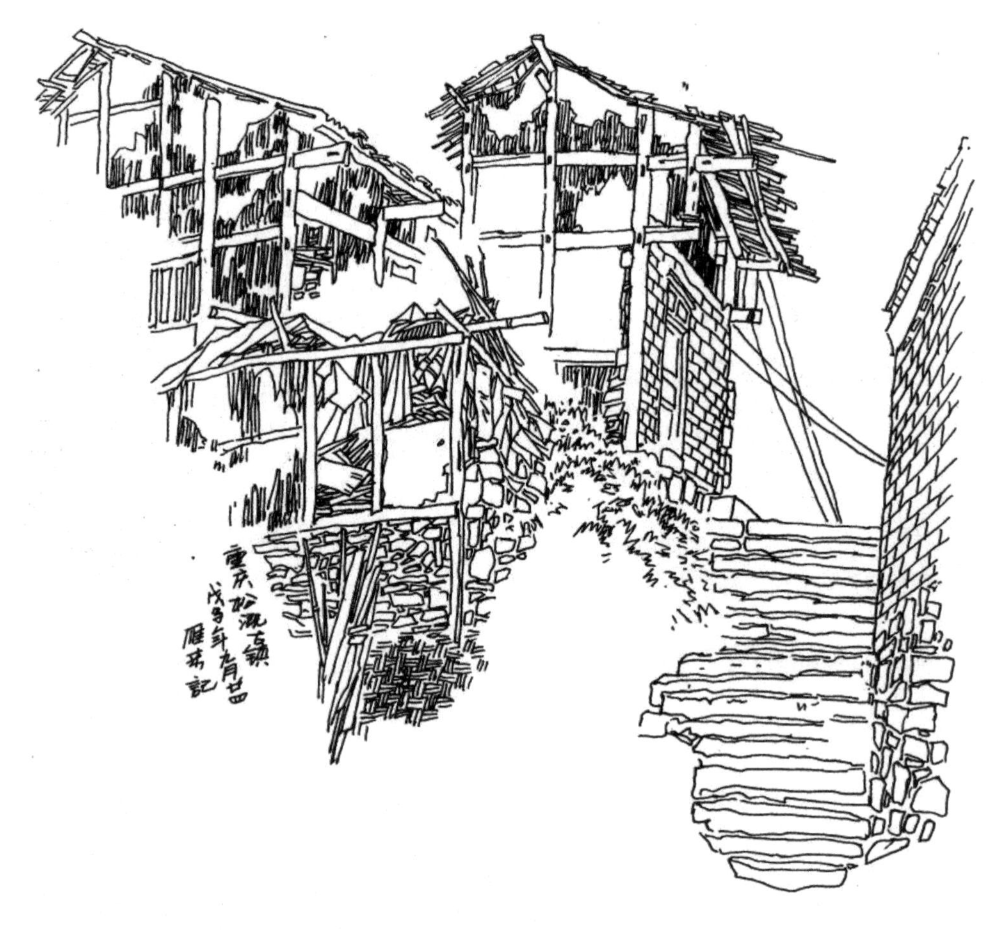

图4-11　S形构图　常雁来

(4) L 形构图。构图形式以 L 形的形状排列在画面上，画面中间及某一边留空。画面要表现的精彩内容，排布在 L 形的内侧边缘。这是一种平面化的构图形式，注重整个 L 形轮廓边缘的变化（见图 4-12、图 4-13）。

(5) 梯形构图。梯形构图是一种较稳定的构图形式，易使内容表现得典雅、庄重。许多静物画常采用此构图形式（见图 4-14）。

(6) 三角形构图。三角形构图的倾斜度不同，会产生不同的稳定感。作画时可根据不同需要，将描绘对象布局成不同倾斜角度的三角形，造成不同三角形构图的艺术感受（见图 4-15）。

(7) 疏构图。画面内容较疏空，以少取胜，耐人寻味。疏构图的画面选题要精致讲究，这样才能达到以少胜多的目的（见图 4-16 至图 4-18）。

(8) 满构图。这是从量的角度理解构图。满构图的画面，内容丰富，常用来表现充满生气的内容，具有充实之美（见图 4-19、图 4-20）。

无论是哪一种构图形式，一定要掌握统一与变化的规律，注意安排好主次关系、整体与局部的关系、近中远的层次关系等。合适的构图为后面的深入刻画做好铺垫，构图的优劣直接决定画面的进度和最后效果，否则，再好的精描细画都将功亏一篑。

图4-12　L形构图（1）　常雁来

图4-13　L形构图（2）　常雁来

图4-14　古镇早春（梯形构图）　常雁来

图4-15　古镇秋韵（三角形构图）　常雁来

图4-16　晚归（疏构图）　常雁来

图4-17　桥头小吃（疏构图）　常雁来

图4-18　木屋（疏构图）　常雁来

图4-19　古镇民居（1）（满构图）　常雁来

图4-20　古镇民居（2）（满构图）　常雁来

建筑速写的作画步骤

5.1 建筑速写的一般步骤

1. 整体观察，粗略构图

先要整体、全面地观察，选择好恰当的角度和作画位置。一般以其中较大的建筑物为主体，配以较小建筑或树木或舟车、人物等组成画面。可用铅笔或木炭条粗略勾线，下笔宜轻，线条宜长，大胆地概括用笔，迅速地分出近景、中景、远景三个层次以及主次关系。基本功较好的同学可以直接用钢笔勾勒大体轮廓（见图 5-1、图 5-2）。

2. 主体入手，前后呼应

构图完成后，就开始进入深入刻画阶段。先不要马上描绘细节，应循序渐进，由简至繁，由“整”到“分”。可从主体景物进行刻画，先画建筑物的构造框架和内外组合的穿插、咬合、叠加等相互关系，注意透视规律的正确运用，同时找出主体建筑和其他配景之间的前后、高低、错落关系。线条要长短结合，疏密得当。学会“留”，为后面的细节刻画预留空间（见图 5-3、图 5-4）。

图5-1　建筑速写步骤一（1）　常雁来

图5-2 建筑速写步骤一（2） 常雁来

图5-3 建筑速写步骤二（1） 常雁来

图5-4　建筑速写步骤二（2）　常雁来

3. 细节刻画，主次分明

在画面的整体关系和主次关系概括处理结束后，就需要对局部的细节进行刻画。细节是画面生动、丰富并引人注意的关键所在，要认真对待。在刻画时，笔法要活，细腻而不呆板；线面结合，理顺层次关系。注意速写中的细节刻画也要概括进行，而不是像素描那样细致入微、逼真写实。初学者在刻画细节时容易面面俱到，线条僵硬，组织杂乱无章，甚至机械地对景描摹，这是要逐渐克服的问题。远景的处理要虚淡一些，线条宜轻、宜简，归纳处理，不可喧宾夺主。前景的线条也不宜过于细致，在烘托主体的情况下做概括处理。画面的中景往往是主体线条较多、繁密的地方，画面边角部位的线条不要撑满空间，适当留白。笪重光说："无画处皆成妙境。"要有所删减，敢于舍弃实景中影响主体的细枝末节，一切为突出主体服务（见图 5-5、图 5-6）。

4. 调整统一，完善整合

很多学生把调整画面看成可有可无的步骤，这是一种误解。画面经修饰调整才能使作品臻于完美。细节刻画基本结束后就要开始调整，这时最好把画放远，多看少画、少画多思，往往增减几笔就能对画面"锦上添花"。局部细节刻画太多要大胆减掉；主体刻画不够，要小心增补。有落款的，不要随便处理，最好把落款作为画面的一部分或者一个构成因素去撰写。这一点可以参考国画中相关落款、钤章知识。

图5-5 建筑速写步骤三（1） 常雁来

图5-6 建筑速写步骤三（2） 常雁来

建筑速写的表现形式很多，大致包括以线描为主、以明暗体面为主以及线条与明暗相结合的综合表现等。下面针对不同的表现形式举例说明各自的表现步骤。

5.2 线描类速写的表现步骤

线描类建筑速写主要是在理解绘画对象形态的基础上，通过线描的手法将物体的结构，特性表现出来。线条的寓意多样，蕴含着作者的情绪，这些情感和情绪通常是通过线条的轻重缓急、长短曲直、抑扬顿挫、强弱虚实来体现的。下面以一组建筑速写的表现过程为例进行说明。

第一步：区分出建筑大体的结构布局，这一阶段要注意建筑的长宽比例，各个体量之间的大小关系是否合适准确。在大体基本准确的基础上，在每一个结构体块里细分小结构，这一阶段主要的建筑构件大体都能体现出来（见图 5-7、图 5-8）。

第二步：适当有选择地去掉一些不符合审美的元素，并不是所有的细节都要在画面上体现出来（见图 5-9、图 5-10）。

第三步：将建筑的表面肌理详细绘制，注意疏密关系，适当的留白以区分墙体的前后关系，再加上背景远树轮廓、地面的铺装与杂物（见图 5-11、图 5-12）。

第四步：在基本的线稿结构完成的基础上，将画面中最重要的部分线条画得密集一些，这样做是为了突出主题建筑，强调视觉中心（见图 5-13）。

图5-7　建筑速写步骤一（1）　常雁来

图5-8 建筑速写步骤一（2） 常雁来

图5-9 建筑速写步骤二（1） 常雁来

图5-10　建筑速写步骤二（2）　常雁来

图5-11　建筑速写步骤三（1）　常雁来

图5-12 建筑速写步骤三（2） 常雁来

图5-13 建筑速写步骤四 常雁来

5.3 明暗类速写的表现步骤

明暗类建筑速写的表现步骤如下。

第一步：大致地绘制出视平线和基础的建筑体块，注意视平线和构图是最重要的，直接决定画面最终的效果。在透视线的基础上将建筑的大体块划分出来，使其符合基本的体量关系和透视关系（见图 5-14、图 5-15）。

第二步：将画面中最深的暗部一次性加深，审视其大的明暗关系是否合理。绘制暗部和阴影的时候一定要考虑光源的方向，光源应该是统一方向的。在分出大体黑白关系的基础上，丰富各个体块之间的明暗、投影关系，增加灰调子以丰富画面（见图 5-16、图 5-17）。

第三步：在大的明暗关系都没有问题的基础上，深入刻画细节，增加墙面肌理、人物配景等细节。这时候基本已经完成了百分之九十的效果。要让其丰富完善可增加一些简略的背景，适当增添地面铺装的效果，画面就完成了（见图 5-18、图 5-19）。

图5-14 建筑速写步骤一（1） 常雁来

图5-15 建筑速写步骤一（2） 常雁来

图5-16　建筑速写步骤二（1）　常雁来

图5-17　建筑速写步骤二（2）　常雁来

图5-18　建筑速写步骤三（1）　常雁来

图5-19　建筑速写步骤三（2）　常雁来

5.4 线面结合速写的表现步骤

线面结合（综合）速写表现是不同绘画手法的融合，是绘画者独立造型能力的体现，不同的手法绘制出来的效果不同，它体现出绘画者的审美修养以及绘画表现能力。但是，综合表现也是在掌握了最基本的手法后，经过大量的练习融会贯通的结果。

第一步：定出视平线、透视线等大的体量对比关系（见图 5-20、图 5-21）。

第二步：用线描法画出轮廓结构，或运用明暗法表现大的体面关系。在大体基础上继续细分，将结构分清楚，尽量不要出现大的透视或结构失误（见图 5-22、图 5-23）。

第三步：根据不同的结构绘制明暗关系，这里是直接将最暗的地方加深，这样能进一步审视是否有大的错误。

第四步：将画面的灰色调子丰富，增加配景细节等，使画面整体丰富（见图 5-24、图 5-25）。

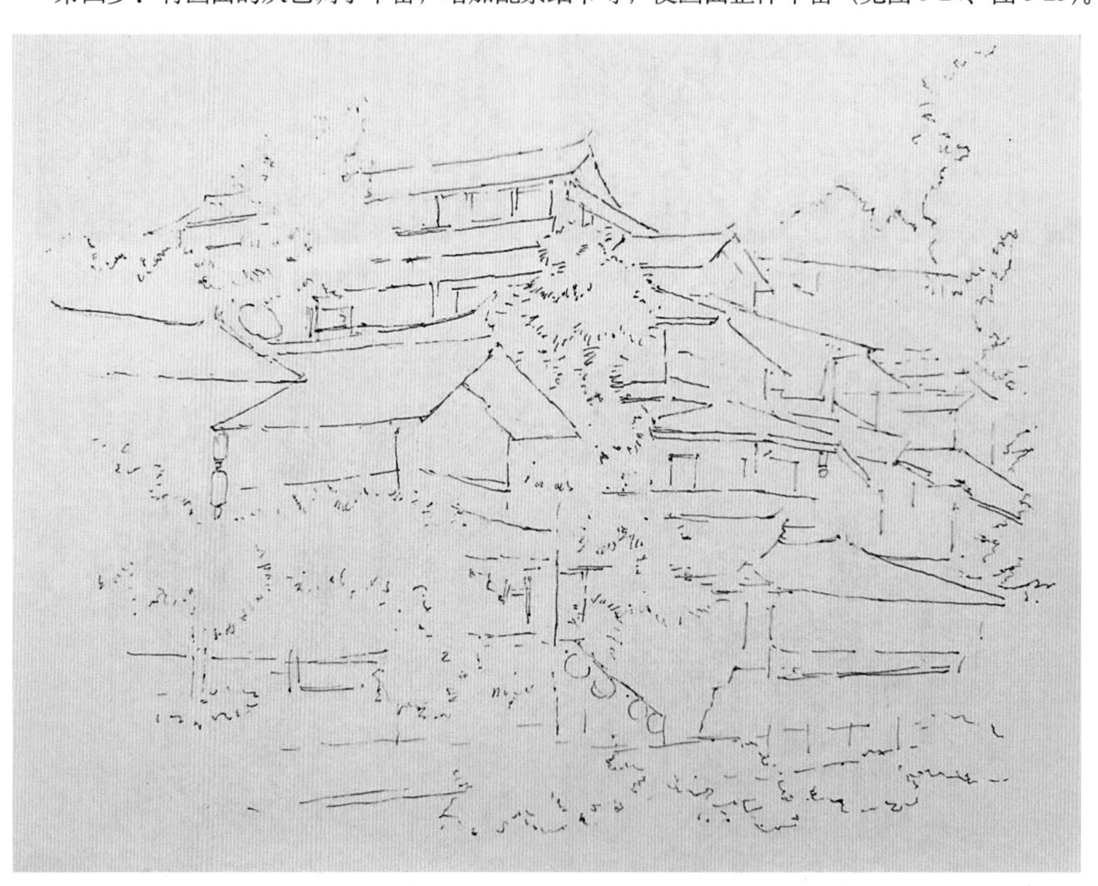

图5-20　建筑速写步骤一（1）　常雁来

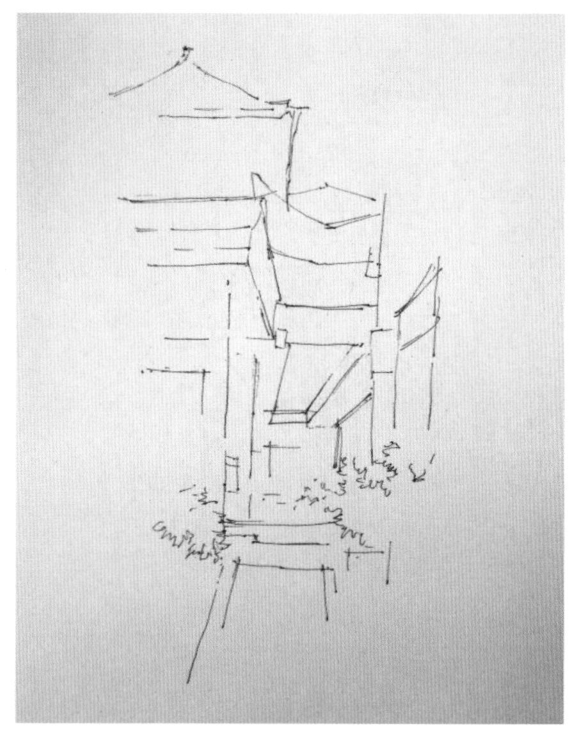

图5-21 建筑速写步骤一（2） 常雁来

图5-22 建筑速写步骤二（1） 常雁来

图5-23　建筑速写步骤二（2）　常雁来

图5-24　建筑速写步骤三（1）　常雁来

图5-25　建筑速写步骤三（2）　常雁来

建筑速写的风格形式

建筑速写的表现形式很多，但不同绘画者对现实世界的理解不同，对审美的追求不同，最终产生了不同风格的建筑速写作品。比较有代表性的画法风格主要有线描（结构）表现法、明暗（光影）表现法、线面结合（综合）表现法、装饰（意象）表现法等。

6.1 线描（结构）表现法

线描（结构）表现法就是运用单纯的线条结构来进行绘画造型。在表现对象的过程中，主要是表现物象的结构特征，这些结构特征通过简洁有变化的线条表现出来。通过线的抑扬顿挫、长短曲直、干湿浓淡、强弱虚实表达作者对于绘制对象的理解，线的松紧疏密、长短快慢构成了画面的美感，产生较强的艺术表现力。

在绘制过程中，要从画面和空间的需求来组织线条，对线条的疏密进行取舍，过密或太稀疏的线条都不利于表现空间主次。在笔法上，不同的笔法形成不同的绘制效果，使画面丰富生动。在绘制过程中，用笔的轻重可以使线条有粗有细、有轻有重；用笔的方向不同，可以在视觉上形成不同的力度，如直线挺拔，斜线不稳定，水平线宁静，曲线灵动活泼、富有动感，等等。合理运用不同的线条会产生不同力度的对比，在绘画过程中要根据具体形体结构有选择地用线。例如，在描绘乡村风景、乡村建筑、古代建筑的过程中，适合运用美工笔，形成多变的曲线、折线，使线条粗中有细、变化丰富，增强绘制对象的古朴美感，而在绘制富有现代感的建筑过程中，适合运用普通钢笔、中性笔形成的直线条来表现建筑的宏伟高大。这种对于线条粗细疏密、刚柔对比的掌握，是建立在绘画者通过长期训练，对绘制对象深入理解，对线条娴熟运用的基础上的，不是一朝一夕可以熟练掌握的。对于初学者来说，在同一幅作品中最好运用一种工具、一种线条，更容易让画面整体统一。对于多种线条的运用若掌握不好，会破坏画面的整体性（见图 6-1 至图 6-5）。

常用的手法有用实线表现主体物，用弱线表现背景的物象，用长线概括远景。总之，线描表现对绘画者的造型能力要求比较高，需要长期练习，同时多比较、推敲线条的表达方式，这是一个长期训练的过程。

图6-1 民居速写[线描表现示例（1）] 朱耀璞

图6-2 民居速写[线描表现示例（2）] 朱耀璞

图6-3　民居速写（线描表现示例）　汪顺锋

图6-4　柴屋速写（线描表现示例）　常雁来

图6-5 民居速写（毛笔）（线描表现示例） 常雁来

6.2 明暗（光影）表现法

明暗（光影）表现法就是用黑白调子表现对象在受到光线照射后的光影变化的一种绘画表现形式。这种表现形式的最大特点就是对比强烈、形体突出，用黑白块面的方式表现明暗面的对比，表现微妙的空间关系，具有强烈的视觉效果。

运用明暗（光影）表现法绘制物体，首先要掌握在光的作用下，物体明暗交界线、高光、阴影、中间色、反光、投影之间的黑白灰变化，分清受光面、背光面，用还原自然规律的手法进行绘画，以达到画面的和谐统一。在绘制的过程中，运用排线形成深浅不同块面的变化，表现出黑白灰多个层次。由于建筑速写是对建筑快速表达的一种方式，所以在绘画过程中可以适当弱化中间调，简略背景表现，突出主体刻画，表现出对象的三维空间关系，体现对象的质感、体量、光感和结构关系（见图 6-6 至图 6-9）。

图6-6　公共建筑速写（明暗表现示例）　许汝玉

图6-7　民居速写（明暗表现示例）　汪顺锋

图6-8　民居速写（弯头书法笔）[明暗表现示例（1）]　常雁来

图6-9　民居速写（弯头书法笔）　[明暗表现示例（2）]　常雁来

6.3 线面结合（综合）表现法

线面结合（综合）表现法是指线条与明暗块面结合运用的一种画法，这种手法是建筑速写中最常见的一种表现手法。它以线条为主，勾勒对象结构形体，同时添加简单的明暗关系，使画面具有线条的韵味和美感，又具有明确的黑白对比关系。这种表现手法，兼具线描表现和明暗表现手法的长处，强调线面关系，突出空间质感。

线面结合（综合）表现法对绘画者自身对于现实物象的概括能力要求比较高，绘制过程要求简洁概括，按照以线为主、明暗为辅的原则，强调结构，明确物象明暗转折关系。在绘制过程中，重视物象自身结构，关注绘制对象本身的色调对比，概括、取舍、提炼最能够表达对象的形态。用笔要根据对象体面的方向、走势有序排线，虚实结合，使画面生动、整体和谐，富有韵律感、节奏感和空间感（见图 6-10 至图 6-18）。

图6-10　水乡速写（线面结合表现示例）　卢诗娅

图6-11 街道速写（线面结合表现示例） 张艾暄

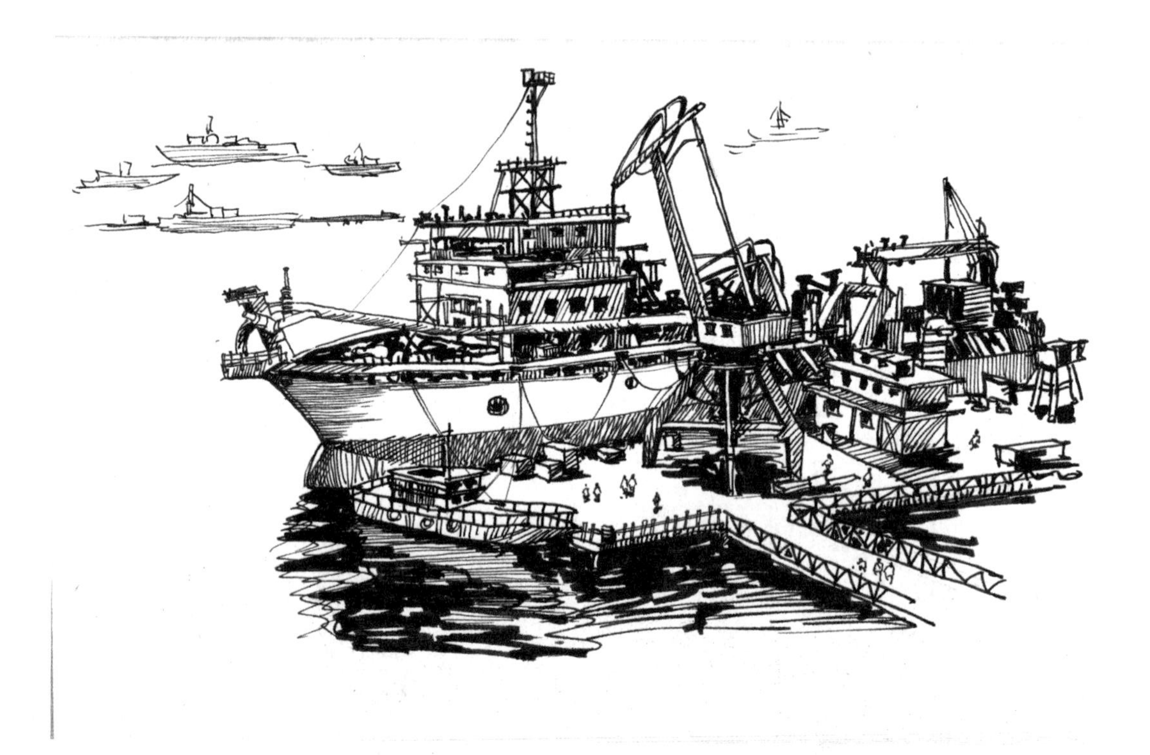

图6-12　码头货船速写（针管笔、马克笔）（线面结合表现示例）　党亮元

图6-13　农家客栈速写（线面结合表现示例）　常雁来

图6-14　古磨房速写（线面结合表现示例）　常雁来

图6-15　村口速写（线面结合表现示例）　常雁来

图6-16　古镇民居速写（线面结合表现示例）　常雁来

图6-17　溪水客栈速写（线面结合表现示例）　常雁来

图6-18　农家客栈速写（线面结合表现示例）　常雁来

6.4 装饰（意象）表现法

建筑速写中的装饰（意象）表现法是一种意象表现手法，这种手法对绘画者的艺术修养要求极高，它不重视是否能够真实地表现对象，而注重绘画者对物象精神层面的理解和提炼，是一种典型的写意表达手法。运用装饰（意象）表现法，弱化空间透视，根据主观审美需求安排物象的前后叠加关系，灵活运用线面表现手法，以此对作品进行审美升华，带给观赏者精神上的愉悦和满足。

装饰（意象）表现法的造型语言是线条和笔触，常常运用抽象、变形、夸张的方法，使画面更加具有艺术性和感染力（见图 6-19 至图 6-21）。

图6-19　古镇夏日（装饰表现示例）　常雁来

图6-20　民居组合构成（装饰表现示例）　常雁来

图6-21　柴屋特写（装饰表现示例）　常雁来

各种类型建筑物的速写表现

建筑在一幅速写中往往以主体物出现，所以画好建筑是关键。由于建筑物具有不同的形体结构形式和建材性质及肌理特征，会产生不同的审美反应。在形式上，现代的高层建筑，大都是由垂直线条组成的方形或长方形，具有庄严的稳重感。中国古代建筑的特点，是由平面引申发展，显得对称、稳定、雄伟、庄重。例如，一些古典式的园林，亭台楼阁，曲径通幽，具有东方情趣。再如，乡村中的农舍茅屋，黑瓦白墙，高低错落，具有简洁而朴素的田园风貌。各种不同的建筑物，在不同的环境配合与陪衬下，富有意境与情调 。

在建筑速写中，画建筑物要注意以下几点。

（1）选景。建筑物不管是一座还是一群，都要着眼于大的基本形体的美感，具有主次分明、高低错落的层次感和前后穿插、内外呼应的空间感。

（2）整体观察，长线概括。不能只注重门窗、瓦墙等局部的小效果，而忽视了整体的大效果，应正确画出建筑物各个部分的透视关系。

（3）一定要分析它的结构造型特点，把握内外架构关系，画出它的民族特色、民俗气息和时代特征。

（4）要仔细观察构成建筑物主体效果的各部分形体变化，以及组成建筑物中垂直的、平行的以及斜向的直线和曲线与体面结合的情况。细节刻画虽要精细但不要面面俱到，要有虚实变化，例如瓦片、砖块、台阶，有些同学把其画得满满的，这样就显得僵化、呆板，毫无生气。

（5）对于门窗、屋檐和建筑物角落的阴暗部位，可以概括处理，用线面结合的方法去表现，但不可以用黑色块代替而草率了事，否则容易概念化。

7.1 传统建筑

传统建筑的表现最重要的是塑造出建筑物本身的历史感，在绘制中要努力运用笔触、线条表达对象的质朴和沧桑。在绘制过程中，要注意建筑主体和周边建筑的对比关系，以及建筑本身各个部分体量的透视、比例、明暗关系，以表达古建筑的特色。

传统建筑的表现要特别注意屋檐的弧度，不同历史时期的建筑是不同的，其美感大都是通过屋顶来体现的，所以把握好屋顶的弧度以及屋顶和梁柱之间的结构关系就显得非常重要（见图 7-1 至图 7-6）。

图7-1　西递古镇（传统建筑表现示例）　常雁来

图7-2　古镇绣楼（传统建筑表现示例）　常雁来

图7-3　古镇更楼（传统建筑表现示例）　常雁来

图7-4　古镇卫守府（传统建筑表现示例）　常雁来

图7-5　古镇老屋（传统建筑表现示例）　常雁来

图7-6 古镇戏台与酒栈（传统建筑表现示例） 郭丽

图 7-7 所示的作品是站在桥上完成的，身边是不停呼啸而过的汽车，所以作画速度非常快。作者运用美工笔直接画出屋檐下的重投影，勾勒出基本的房屋体块关系，近处刻画了少量的细节，较短时间就完成了整幅作品。

图7-7 重庆洪崖洞建筑（传统建筑表现示例） 党亮元

7.1.1 园林单体建筑

在古典园林的钢笔画绘制中，单体建筑绘制的成败往往决定着整幅画的效果，所以在绘画中要特别注意这一点，需单独进行大量有针对性的练习（见图 7-8、图 7-9）。

图7-8 亭子（园林单体建筑表现示例） 卢诗娅

图7-9 门楼（园林单体建筑表现示例） 卢诗娅

园林中处处可以见到的景致，几棵翠竹、几块叠石或一面粉墙就营造出了幽美的意境（见图 7-10 至图 7-13）。

图7-10 拱桥（园林单体建筑表现示例） 卢诗娅

图7-11　园林亭阁（园林单体建筑表现示例）　张鑫　图7-12　欧式建筑（园林单体建筑表现示例）　张鑫

图7-13　园林一角（园林单体建筑表现示例）　张鑫

中国古典园林一般以水为中心，水上视觉中心是匠心独运的太湖石。图 7-14 所示的建筑速写中，太湖石就是画面的中心，也是重点表现的部分。

图7-14 太湖石（古典园林建筑表现示例） 张鑫

7.1.2 亭阁

古典园林中的亭阁也是园林艺术中常见的节点，一般都是木石结构，不同时代有不同的风格（见图 7-15、图 7-16）。

图 7-15 这幅作品仍然是以黑白调子来表达整体效果，色调最深的地方成为视觉中心。为了丰富画面，在这幅图的右下角画了几个站在太阳伞下的游客，使画面有静有动，情趣盎然。

图7-15　亭楼（园林建筑表现示例）　党亮元

图7-16　牌坊（园林建筑表现示例）　张月

古典园林中的亭子不仅有中式的，还有欧式与东南亚风格的亭子，这类建筑小品的表现一定要在结构准确的基础上，充分考虑光源的方向，这样才能更好地表现建筑的整体效果（见图 7-17）。

图7-17 欧式建筑（园林建筑表现示例） 张鑫

7.2 居住建筑

居住建筑与人们的生活息息相关，也是我们最熟悉的一种建筑类型，将居住建筑的生活情趣表现出来是非常重要的，因而需要认真地观察与大量的练习（见图 7-18 至图 7-20）。例如，老房子除了表现建筑的结构外，还应当适当地表现主人生活的起居用品，可以绘制晾晒的衣物，以及家禽家畜、交通工具等来丰富画面。

图7-18　古镇宏村民居（居住建筑表现示例）　常雁来

图7-19　古镇上里民居（居住建筑表现示例）　常雁来

图7-20　乌镇民居（居住建筑表现示例）　卢诗娅

农村建筑需要在表现主体的基础上，适度地表达周围的生活设施，这样才能够体现自然闲适的居住环境（见图 7-21 至图 7-23）。

图7-21　吊脚楼（居住建筑表现示例）　卢诗娅

图7-22　古镇民居（居住建筑表现示例）　陈雨鑫

图7-23　古镇民居（居住建筑表现示例）　罗嘉乐

在欧洲的许多城市，一些历史悠久的老建筑仍然作为住宅在正常使用。在绘制这些建筑的时候，要注意主体建筑的完整性，主体细节刻画要丰富些，为了使画面中的建筑不孤立，适当配合简单的街景以增加画面的意趣（见图 7-24）。

图7-24 欧式建筑（1）（居住建筑表现示例） 党亮元

如果有足够的时间，可以仔细地刻画建筑的细节（见图 7-25），这需要花费大量的时间。建筑速写多是以快速表现为主，用于记录素材。当然，也可以用照相机将建筑物拍下来回去仔细刻画，练习细节刻画的能力。绘制时间的长短、刻画细节的深入程度都是根据自己的表现意图决定的。

图7-25 欧式建筑（2）（居住建筑表现示例） 党亮元

7.3 公共建筑

公共建筑一般是指人们共同使用的活动空间。公共建筑包含办公建筑（写字楼、政府部门办公室等）、商业建筑（商场、金融建筑等）、旅游建筑（酒店、娱乐场所等）、科教文卫建筑（文化、教育、科研、医疗、卫生、体育建筑等）、通信建筑（邮电、通信、广播用房等），以及交通运输类建筑（机场、高铁站、火车站、汽车站等）。在绘制过程中，要表现出公共建筑宏伟大气的特点，多以简洁的直线条概括表现。

图 7-26 表现的是一个剧场，剧场是公共建筑中一个大的门类，由于受现代设计潮流的影响，剧场建筑多是块面关系分明的简洁的建筑体，在表现此类建筑主体的绘画中把握好体块关系是重中之重。

图7-26　剧场（公共建筑表现示例）　张鑫

图 7-27 至图 7-30 所示的作品表现的是综合性公共建筑，笔法简洁轻松，体块关系转折明确。

图7-27　公共建筑表现示例（1）　张鑫

图7-28　公共建筑表现示例（2）　张鑫

图7-29　景观建筑表现示例（1）　张鑫

图7-30　景观建筑表现示例（2）　张鑫

重庆大礼堂是重要的城市公共建筑（见图 7-31）。能观察全景的角度不多，但此幅画观察角度的选择就很有特点，将大礼堂建筑群体尽收眼底。在绘制过程中，主体刻画细致些，远景只采用线条勾勒大体轮廓，表现简单，以丰富画面效果。

图7-31　重庆大礼堂（公共建筑表现示例）　党亮元

7.4 工业建筑

工业建筑一般是指人们从事各类生产活动的建筑物和构筑物，包括工业厂房（可分为通用工业厂房和特殊工业厂房，如化工厂房、医药厂房、纺织厂房、冶金厂房等）和构筑物（如水塔、烟囱、厂区内栈桥、囤仓等）。

工业文明改变了整个世界的生产方式，也带来了新的构筑物。这类构筑物多是以几何形体进行设计的，在表现此类对象时一定要弄清楚基本结构再动笔，分出前后层次关系，这样才能在画面中清晰表达（见图 7-32）。

图7-32　油田井架（工业建筑表现示例）　党亮元

图 7-33 表现的是海上的油气钻井平台，这幅画的难点是在绘画的过程中一定要有取舍。概括形态抓住构筑物本身的基本特点，将物体结构表现得结实有力量感，只有这样才能体现出工业形态之美。

单一的水泥厂房让人感觉过分的冰冷无情，在画面中有意添加油罐车，就能够体现出该厂房生产活动的轨迹，不至于将整幅画面处理得如没有感情色彩的图纸一样（见图 7-34）。

图7-33　海上油气钻井平台（工业建筑表现示例）　党亮元

图7-34　水泥厂（工业建筑表现示例）　党亮元

7.5 桥梁

桥梁是人类建筑精华的一部分，高超的建造技术成就了非凡的工程。有很多桥梁已经成为国家或者城市的标志。在画这些桥梁的时候，注意主体的架构要基本准确，适当添加配景和明暗光影，完善画面效果（见图 7-35 至图 7-37）。

图7-35　古镇单拱桥（1）（桥梁速写示例）　常雁来

图7-36　古镇单拱桥（2）（桥梁速写示例）　常雁来

图7-37　古镇多孔拱桥（桥梁速写示例）　常雁来

很多大桥都是工业文明发展下的伟大成就，它们大多是钢筋水泥结构的。由于体量过大，所以选择合适的角度构图就显得十分重要，比如视平线低些能体现出高大、恢宏的气势。这类大桥多是由几个简单的几何结构重复组合的结果，要分析清楚它们的架构方式，在动手画的时候就水到渠成了（见图 7-38）。

图7-38　现代桥梁（桥梁速写示例）　党亮元

7.6 其他建筑形式

其他建筑形式的速写作品欣赏如图 7-39 至图 7-45 所示。

图7-39　古镇水车（1）（其他建筑形式作品欣赏）　常雁来

图7-40　古镇水车（2）（其他建筑形式作品欣赏）　常雁来

图7-41　巷门（其他建筑形式作品欣赏）　常雁来

图7-42　巷门与门檐（其他建筑形式作品欣赏）　常雁来

图7-43　桥头阙塔（其他建筑形式作品欣赏）　常雁来

图7-44　古磨房（其他建筑形式作品欣赏）　常雁来

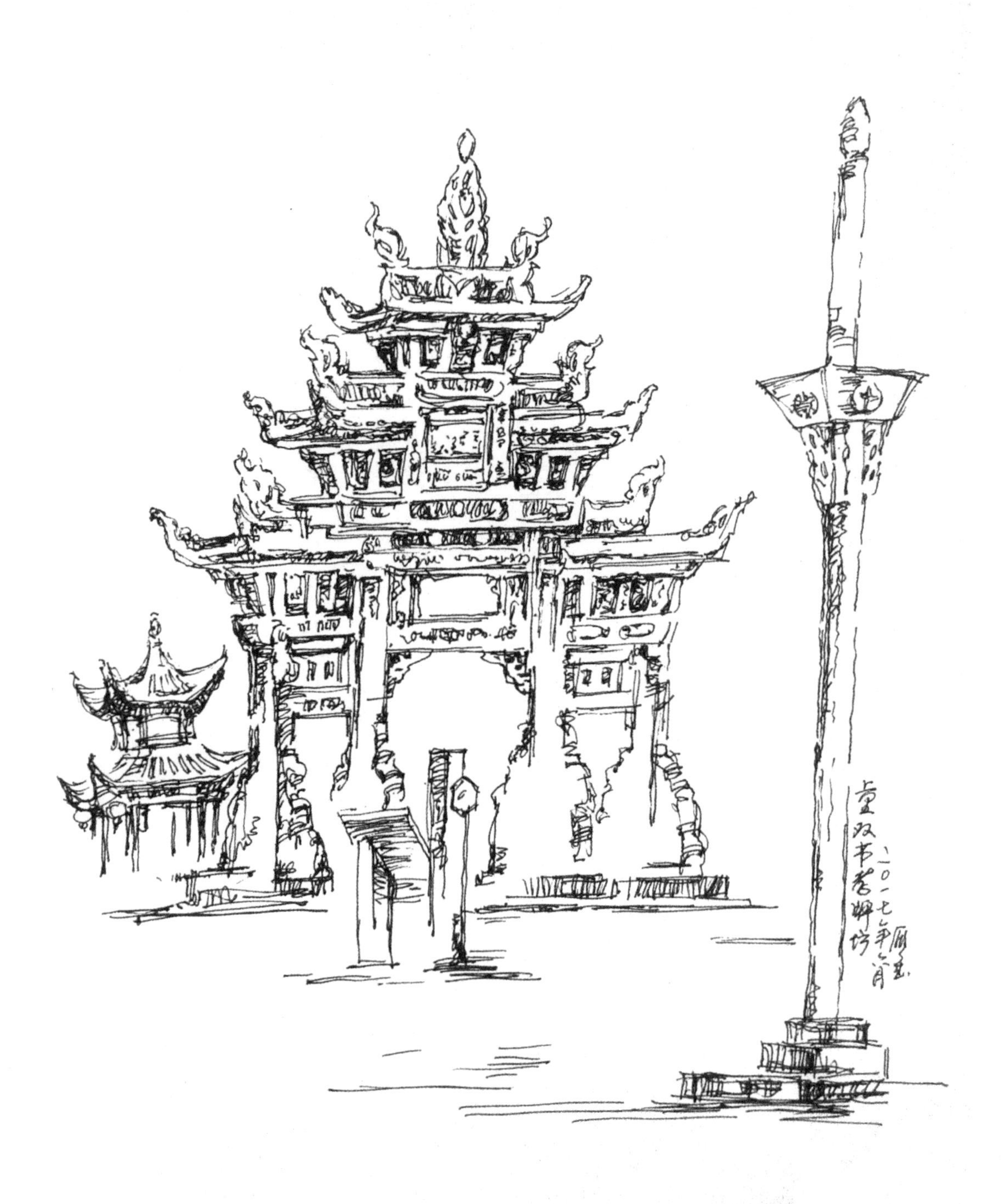

图7-45　上里古镇双节孝牌坊（其他建筑形式作品欣赏）　常雁来

第8章 建筑配景的速写表现

8.1 树木的画法

树木在建筑速写中也很重要，是作为配景出现最多的元素，有时候甚至作为主要表现对象。树作为软质景观的重要构成要素，在一幅建筑速写中往往起到美化建筑环境、调节黑白层次关系的重要作用。树一般分为高大的乔木、低矮的灌木和景观林木。无论是乔木还是灌木，画的时候都要按照整体体块关系来表现，适当地加上细节，而且细节需要符合植物的生长规律。

8.1.1 乔木

乔木一般由主干、树枝、树冠三部分构成，有些树会裸露部分树根。画乔木时可先勾勒树干，用线宜曲折停顿，不要画得生硬，注意上细下粗，适当留空以添加枝干，用螺线、交叉线粗略地画出树皮纹理。树枝呈辐射状分布，要分出前、后、左、右的生长方向，枝条有互生和对生两种，忌画成平行状、放射状，线条要有书法中“一波三折”的变化，但不宜画得过多、过密，要和整体协调（见图 8-1）。

枝叶繁密的树干，要从整体出发把树冠归纳成几个大的部分去画，找出各部分的前后遮挡及叠加关系，注意画出树的阴阳明暗层次，受光面线条少而疏，背光面线条多而密，这样树的立体感才强。

对于枝叶稀疏的树冠，叶子也不要一片一片地去刻画，那样太死板，最好依照疏密对比、大小相间的原则去概括处理。叶片的形状可简化成三角形、梯形、椭圆形、半弧形等，近景的树适当画出不同树种叶子的特征，远景树或枝干较小的树，叶子可用点状代替。多棵树组合，要注意整体的外形美和聚散关系，大小、曲直姿态要安排得体，使之互有联系、呼应、对比、衬托的整体效果（见图 8-2）。

（a）乔木树干的画法

图8-1　乔木树干、枝干的画法示例

(b) 乔木枝干的画法(1)

(c) 乔木枝干的画法(2)

图8-1 乔木树干、枝干的画法示例(续)

（a）枝叶的画法（1）

（b）枝叶的画法（2）

图8-2　乔木枝叶的画法示例

（c）树冠枝叶的画法

图8-2 乔木枝叶的画法示例（续）

一般来说，松柏类的植物轮廓呈塔形或者三角形，阔叶类植物则是圆形或者圆形的叠加综合形。绘画者除了要了解不同种类植物的轮廓，0 还要了解树枝的结构，这样画出来的树木才能更有生气，更加形象逼真。

8.1.2 灌木

灌木，是指没有明显的主干、呈丛生状态且比较矮小的树木，一般可分为观花、观果、观枝干等几类。灌木丛和低矮的草丛要从整体出发概括处理，依照植物的生长结构和整体走向运笔，画出植被的形象特征以及大体的明暗关系，色调上浅下深、上疏下密，线条要洗练流畅，注意点、线、面的综合运用（见图 8-3）。景观树多有人工加工的痕迹，体感、块面性比较强，有时可用装饰画的风格适当地加以修饰，但也要从整体去归纳概括。树冠的形体特征可归纳为球形、扁球形、半圆球形、锥形、伞形等形状（见图 8-4 至图 8-12）。

（a）灌木的画法

图8-3　灌木的画法示例

（b）灌木的画法　常雁来

图8-3　灌木的画法示例（续）

(a) (b) (c) (d)

图8-4 树木速写示例 朱耀璞

图8-5　以树为主的速写示例（1）　朱耀璞

图8-6　以树为主的速写示例（2）　朱耀璞

图8-7　以树为主的速写示例（3）　朱耀璞

图8-8　以树为主的速写示例（4）　朱耀璞

图8-9 以树为主的速写示例（1） 常雁来

图8-10 以树为主的速写示例（2） 常雁来

图8-11　以草木为主的速写示例（1）　常雁来

图8-12　以草木为主的速写示例（2）　常雁来

8.2 山石的画法

山在建筑速写中一般作为远景或背景，造型轮廓往往比较简略，可以长线概括，粗略处理，适当画出阴阳面，有时候可画成剪影形式，以平面化的手法画出以衬托主体。远山轮廓高低起伏，有错落感才好看，忌平板无变化。远山作为背景，不是每幅画都要加上，它只是空间层次的表现元素之一，有时可省略不画。

石头在建筑速写中一般起到点缀、烘托主体的作用。石质坚硬，多用方笔、转折线处理，鹅卵石用半弧线概括。古人画石，石分三面，高、宽、厚俱全，立体感很强，我们可以采用这种技法去表现石头，除了画石头的轮廓，也要画出石头的转折结构。石头和其他物体一样，最好也画出阴阳明暗，以突出立体感（见图 8-13）。

(a)

图8-13　山石的画法示例

（b）

图8-13　山石的画法示例（续）

8.3 云烟、水、瀑布的画法

云烟在建筑速写中很少出现，可用自由曲线表现，寥寥几笔勾勒即可，一般以团状简单处理，不要过细刻画。受限于速写工具，云烟一般分为以下几种表达方式：云彩轮廓类、线条排列类、概念概括类、明暗衬托边缘类等（见图 8-14）。

图8-14　云烟的画法示例

水的出现能使画面富有生气，更加灵动活泼。平静的水面宜用较长的直线平行排列，注意长短相间，疏密有致，适当表现出倒影的形象，留出空白处表现波光粼粼的感觉。波浪线表现水面的微波荡漾，S形、弧形曲线适宜表现流动的水，但要以简概繁，线条不要过多、杂乱(见图8-15至图8-17)。

瀑布多以暗底衬托出白色的形象，故可先用较密集的线条或黑色块面画出背景，留出空白表示瀑布。喷泉可用较短、点状的线条表现其形态。

图8-15 水的画法示例

图8-16　以水为主的速写示例（1）　常雁来

图8-17　以水为主的速写示例（2）　常雁来

8.4 人物及家禽、家畜与交通工具的画法

人物及家禽、家畜与交通工具等在建筑速写中不是重点绘画对象，只是起到点缀、补充画面的作用，适当添加能使画面富有生活情趣。人物形简意赅，画出头、躯干和四肢的轮廓即可，体形略高于正常人，适当画出人物的姿势。家禽、家畜的添加会使农家的生活气息跃然纸上，它们一般以群体出现，注意疏密安排，形态简略生动，寥寥几笔形似即可，不要细画。交通工具要画出大致的结构特征，多用方直线条，以体现其现代风格特征。

8.4.1 人物及家禽、家畜的画法

人物在建筑速写中是较为重要的配景，正是有了人物的活动才使整个画面有了生活气息。在练习过程中，需要针对不同人物的动态进行有针对性的写生训练，动态掌握多了，在建筑速写绘制过程中就可以根据画面需要适当点缀人物配景，这样画面才会更加生动。

街头背孩子的妇女、炒栗子的商贩、卖菜的人都可以作为素材积累的写生对象。画一群人要选择几个形态较完整的人作为主体部分，其前后画一些没有被遮挡住的人的头部或者腿部来代表一群人，注意黑白关系要区分开（见图 8-18）。

(a)

图8-18 人物的画法示例

(b)

图8-18　人物的画法示例（续）

家禽、家畜的画法训练更是需要通过大量的写生收集素材，在积累到一定量的基础上，才会对动物本身的结构有较强的概括表现能力，画出来的动物的形态才是自然、有生命力的（见图 8-19、图 8-20）。

(a)

(b)

图8-19 家禽的画法示例

图8-20　家畜的画法示例

8.4.2　交通工具的画法

交通工具和人物一样都是在建筑速写中作为配景出现的。交通工具的种类很多，其表现形式多是以基本的几何形体穿插组成的造型，所以要统一光源，根据光源方向表现立体结构，这样绘制出来的交通工具才会有较强的表现力。对其细节的描绘是为了了解其结构关系，方便后期在建筑速写创作中灵活地运用。描绘的细致程度是由绘画时间的长短来决定的（见图 8-21 至图 8-28）。

图8-21　交通工具的画法示例

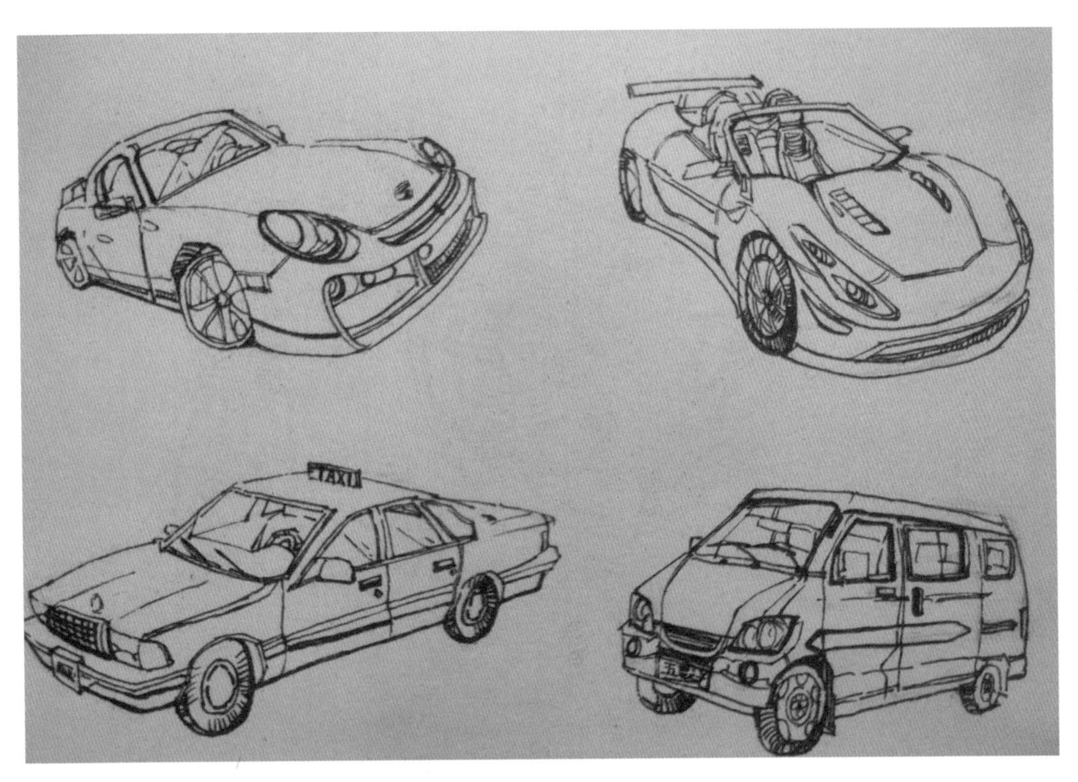

图8-22　车辆的画法示例（1）

图8-23　车辆的画法示例（2）

图8-24　车辆的画法示例（3）

图8-25　车辆的画法示例（4）

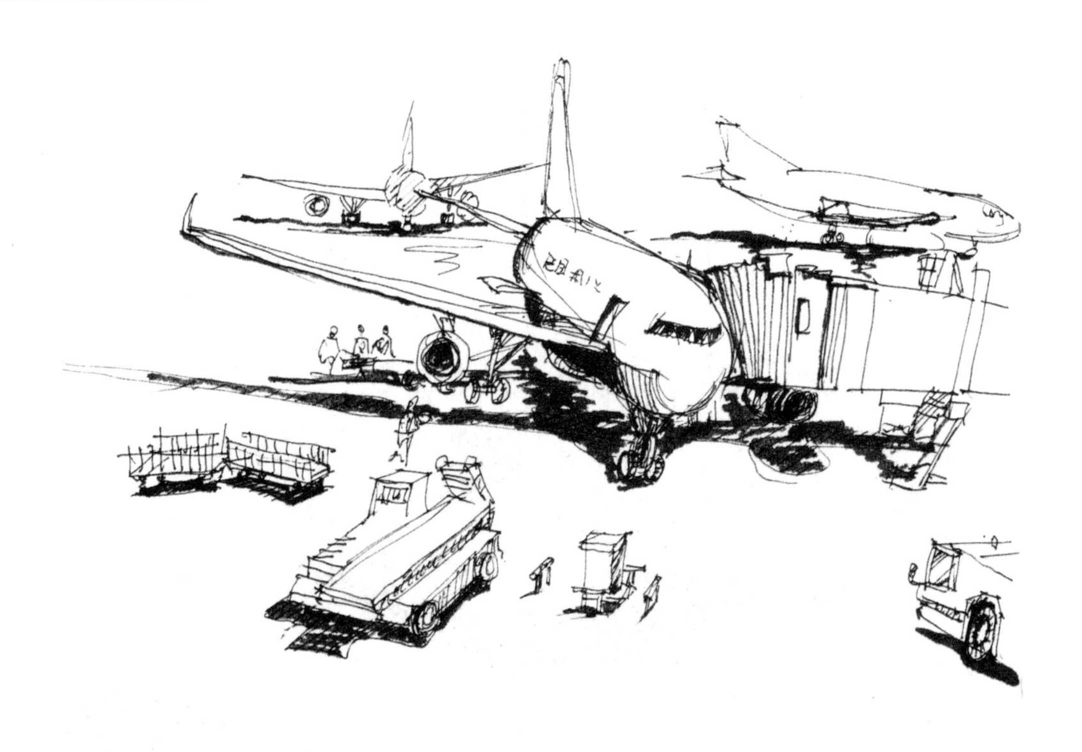

图8-26　飞机航班的画法示例　党亮元

图8-27　舟船的画法示例（1）　党亮元

图8-28　舟船的画法示例（2）　党亮元

第9章

建筑速写作品赏析

9.1 教师速写作品

教师速写作品如图 9-1 至图 9-42 所示。

图9-1　古镇民居速写（线面结合）　常雁来

此幅速写画于雅安上里古镇。当地的木式建筑颇具特色，作者重点刻画建筑的结构关系，整幅速写线面结合，有虚有实，笔法严谨而又灵活。

图9-2　古镇民居速写（线面结合）　常雁来

此幅速写如果仅画民居，构图较平，画面显得单调。高大的树木为画面增色不少，打破了平行的构图，与建筑的直线、冷漠形成对比，生活情趣呼之欲出。

图9-3　民居速写（线面结合）　常雁来

这是一幅单纯刻画川西民居的建筑速写，在构图上做了较大的取舍，前面一组民居是重点，刻画细致；后面的民居粗略表现，虚实呼应，疏密有致。

图9-4　古镇街道速写（线面结合）　常雁来

此幅速写场景复杂，透视深远，开合度很大。作者在构图上做了合理的安排，以右面的建筑为刻画主体，左低右高，主次分明，人物的点缀活跃了画面气氛。

图9-5 古镇饭店速写（线面结合） 常雁来

这是一幅古镇的面馆速写。两层的木式建筑结构复杂，要表现的东西很多。作者重点表现结构关系，疏密安排有致，密中有空透，使整幅画面不显得沉闷。左边的街道是延伸的部分，与面馆形成虚实对比。

图9-6 民居速写（线面结合） 常雁来

速写中不是处处画满才算完整，适当地留空是为了整体的协调。这幅速写把屋顶的瓦片省略不画，特地突出木墙、门窗的纹饰构造，加上植物的灵活搭配，使画面别具生活气息。

图9-7　古镇四合院速写（线面结合）　常雁来

这是一幅以线造型的速写，画面中古镇的房子高低错落，层次分明，要分出前景、中景、后景，透视要准确。

图9-8　民居速写（线描）　常雁来

这是一幅单纯以线造型的速写，笔法严谨，刻画细致，主要表现木式建筑的穿插、组合等结构关系。

图9-9　老房子速写（线描）　常雁来

这幅速写舍弃明暗调子的光影处理，以线造型，可以更深入、更细致地表现建筑结构。

图9-10　古镇巷子速写（线面结合）　常雁来

狭长的街道，幽深的巷子，是古镇给人留下的深刻印象。这幅速写采用U形构图方式，形象逼真地表达出古镇狭窄的感觉。

图9-11　民居速写（线面结合）　常雁来

这幅速写用树木、水流来烘托主体，使民居有一种“犹抱琵琶半遮面”的感觉，生活气息跃然纸上。

图9-12　民居速写（线面结合）　常雁来

这幅速写有意识地加入了人物的活动，下面的部分是最后加上去的，人物的活动增添了民居的生活气息，打破了单纯画建筑的单调、乏味之感。

图9-13　柴屋速写（线面结合）　常雁来

在建筑速写中，树木配景的添加往往也很重要，可以弥补建筑的生硬或空间不足，对树木的画法需要进行专题练习。

图9-14 民居速写（线面结合） 常雁来

此幅速写要画的东西很多，作者有选择地组织画面景物，疏密安排有致，主体突出。

图9-15 古镇街道速写（线面结合） 常雁来

街道速写透视很重要，复杂的店面陈设要有主次安排，重点要突出，前景要粗略表现。

图9-16　陶然居门楼速写（线面结合）　常雁来

这是一幅以老式门楼为主题的速写，陶然居门楼已有百年历史，依然岿然矗立，记录着岁月沧桑。作者饱含感情刻画，力求完整准确。民居的高大令人肃然起敬，人物点缀出当地浓浓的乡土气息。

图9-17　民居速写（线面结合）　常雁来

这是一幅半小时之内完成的速写，线条流畅，景物主次分明。平时适当地进行一些快速表达可以锻炼手眼的灵活性，提高整体观察和景物取舍的能力。

图9-18　古镇村口速写（线面结合）　常雁来

此幅速写场面大，景物复杂，近、中、远景层次分明，民居与树木搭配相得益彰，乡村气息跃然纸上，线条灵活。

图9-19 古镇老房子速写（线描） 常雁来

古镇的老房子已有百年历史，坐在院子里写生总有一种尊崇的神圣感，静静地把每一个细节都画好，每一根线条都好像在与历史对话，不能有丝毫马虎。

图9-20 古镇民居速写（线面结合） 常雁来

古镇的农家客栈小而温馨，临水而建，景色雅致，别有情韵，运用水平构图方式，恰能表现出这种悠然自得的古镇生活气息。

图9-21　古镇街道速写（毛笔、线面结合）　常雁来

此幅速写尝试用毛笔来画古镇，直接干墨渴笔，少用水，画面尽显黑白对比，擦笔表现斑驳沧桑，也是另外一种笔法乐趣。

图9-22　竹林民舍速写（毛笔、线面结合）　常雁来

此幅速写将线描与墨韵相结合，黑白相生，动静呼应，使画面呈现浓淡干湿的趣味。

图9-23　民居速写（线面结合）　常雁来

图9-24　古镇民居速写（线面结合）　常雁来

图9-25　古镇老房子速写（线描）　常雁来

图9-26　宏村巷子速写（线描）（1）　常雁来

图9-27　宏村巷子速写（线描）（2）　常雁来

图9-28　古镇街道速写（线面结合）　常雁来

图9-29　民居速写（线描装饰构成）（1）　常雁来

图9-30　民居速写（线描装饰构成）（2）　常雁来

图9-31　小桥流水人家（线面结合）　党亮元

图9-32　户外棚架（线描）　朱耀璞

图9-33　村口（线描）　朱耀璞

图9-34　民居（线面结合）　张强基

图9-35　农家院子（线描）　张强基

图9-36 郊外（线描）（1） 张强基

图9-37 郊外（线描）（2） 张强基

图9-38 村口（线面结合） 汪顺锋

图9-39 桥头客栈（线面结合） 汪顺锋

图9-40　农家乐客栈（线描）　汪顺锋

图9-41　农家乐客栈（线面结合）　汪顺锋

图9-42　傍水农家（线面结合）　汪顺锋

9.2 学生速写作品

学生速写作品如图 9-43 至图 9-89 所示。

图9-43　路边人家　张鑫

图9-44　校园一角　张鑫

图9-45　街道速写　张鑫

图9-46　古镇民居（1）　张月

图9-47　古镇民居（2）　张月

图9-48　古镇民居（3）　张月

图9-49　校园一角　杨诗蕊

图9-50　乌镇速写　程湘姮

图9-51　校园早餐店　程湘姮

图9-52　街道速写（1）　张艾暄

图9-53　街道速写（2）　张艾暄

图9-54　街道速写（3）　张艾暄

图9-55 街道速写（4） 张艾暄

图9-56 乌镇速写 张艾暄

图9-57　小吃店速写　陈涵莱

图9-58　小吃店速写　文汐

图9-59 校园超市 罗西

图9-60 校园超市 贺胜淋

图9-61　古镇街道速写（1）　罗嘉乐

图9-62　古镇街道速写（2）　罗嘉乐

图9-63　古镇民居速写　罗嘉乐

图9-64　校园一角　吴玟璇

图9-65　古镇街道　吴玟璇

图9-66　古镇民居（1）　王馨

图9-67　古镇民居（2）　王馨

图9-68　古镇民居　陈冰洁

图9-69　校园一角　陈雨鑫

图9-70　古镇街道　陈雨鑫

图9-71　古镇民居　陈雨鑫

图9-72　古镇民居（1）　申丹丹

图9-73　古镇民居（2）　申丹丹

图9-74　校园一角　杨紫霜

图9-75　城市街道　杨紫霜

图9-76　校园一角　刘仪芳

图9-77　古镇民居（1）　许汝玉

图9-78　古镇民居（2）　许汝玉

图9-79　古镇民居（3）　许汝玉

图9-80　古镇民居　郎红林

图9-81　古镇民居（1）　刘芷含

图9-82　古镇民居（2）　刘芷含

图9-83　古镇民居（3）　刘芷含

图9-84 校园一角（1） 卢诗娅

图9-85 校园一角（2） 卢诗娅

图9-86　快餐店　卢诗娅

图9-87　街道速写（1）　卢诗娅

图9-88　街道速写（2）　卢诗娅

图9-89　街道速写（3）　卢诗娅

参 考 文 献

[1] 陈新生．建筑速写技法 [M]．北京：清华大学出版社，2005．

[2] 夏克梁．建筑风景钢笔速写 [M]．上海：东华大学出版社，2011．

[3] 主云龙．建筑速写 [M]．北京：人民邮电出版社，2015．

[4] 常雁来，陈向峰．建筑风景速写 [M]．杭州：浙江大学出版社，2012．

[5] 常雁来，党亮元．建筑钢笔画 [M]．上海：上海交通大学出版社，2014．

[6] 王红英，吴巍．景观建筑速写与表现 [M]．北京：中国水利水电出版社，2013．

[7] 张峰．建筑速写 [M]．北京：北京大学出版社，2012．